Home is where the heart is.

生活·讀書·新知 三联书店

18 Colour Plus

天真本色

十八分钟入厨通识实践

修订版

欧阳应霁 著

图书在版编目（CIP）数据

天真本色：十八分钟入厨通识实践／欧阳应霁著．—2版（修订版）．—北京：
生活·读书·新知三联书店，2018.8
（Home 书系）
ISBN 978－7－108－06211－6

Ⅰ．①天… Ⅱ.①欧… Ⅲ.①菜谱 Ⅳ.① TS972.12

中国版本图书馆 CIP 数据核字（2018）第 022465 号

责任编辑　郑　勇　唐明星
装帧设计　欧阳应霁　康　健
责任校对　龚黔兰
责任印制　宋　家
出版发行　**生活·讀書·新知** 三联书店
　　　　　（北京市东城区美术馆东街 22 号 100010）
网　　址　www.sdxjpc.com
图　　字　01-2018-3031
经　　销　新华书店
印　　刷　北京图文天地制版印刷有限公司
版　　次　2010 年 8 月北京第 1 版
　　　　　2018 年 8 月北京第 2 版
　　　　　2018 年 8 月北京第 2 次印刷
开　　本　720 毫米 × 1000 毫米　1/16　印张 11.75
字　　数　127 千字　图 506 幅
印　　数　15,001－24,000 册
定　　价　49.00 元
（印装查询：01064002715；邮购查询：01084010542）

他和她和他，从老远跑过来，笑着跟我腼腆地说：欧阳老师，我们是看你写的书长大的。

这究竟是怎么回事？一个不太愿意长大，也大概只能长大成这样的我，忽然落得个"儿孙满堂"的下场——年龄是个事实，我当然不介意，顺势做个鬼脸回应。

一不小心，跌跌撞撞走到现在，很少刻意回头看。人在行走，既不喜欢打着怀旧的旗号招摇，对恃老卖老的行为更是深感厌恶。世界这么大，未来未知这么多，人还是这么幼稚，有趣好玩多的是，急不可待向前看——

只不过，偶尔累了停停步，才惊觉当年的我胆大心细脸皮厚，意气风发，连续十年八载一口气把在各地奔走记录下来的种种日常生活实践内容，图文并茂地整理编排出版，有幸成为好些小朋友成长期间的参考读本，启发了大家一些想法，刺激影响了一些决定。

最没有资格也最怕成为导师的我，当年并没有计划和野心要完成些什么，只是凭着一种要把好东西跟好朋友分享的冲动——

先是青春浪游纪实《寻常放荡》，再来是现代家居生活实践笔记《两个人住》，记录华人家居空间设计创作和日常生活体验的《回家真好》和《梦·想家》，也有观察分析论述当代设计潮流的《设计私生活》和

《放大意大利》，及至入厨动手，在烹调过程中悟出生活味道的《半饱》《快煮慢食》《天真本色》，历时两年调研搜集家乡本地真味的《香港味道1》《香港味道2》，以及远近来回不同国家城市走访新朋旧友逛菜市、下厨房的《天生是饭人》……

一路走来，坏的瞬间忘掉，好的安然留下，生活中充满惊喜体验。或独自彳亍，或同行相伴，无所谓劳累，实在乐此不疲。

小朋友问，老师当年为什么会一路构思这一个又一个的生活写作（life style writing）出版项目？我怔住想了一下，其实，作为创作人，这不就是生活本身吗？

我相信旅行，同时恋家；我嘴馋贪食，同时紧张健康体态；我好高骛远，但也能草根接地气；我淡定温存，同时也狂躁暴烈——

跨过一道门，推开一扇窗，现实中的一件事连接起、引发出梦想中的一件事，点点连线成面——我们自认对生活有热爱有追求，对细节要通晓要讲究，一厢情愿地以为明天应该会更好的同时，终于发觉理想的明天不一定会来，所以大家都只好退一步活在当下，且匆匆忙忙喝一碗流行热卖的烫嘴的鸡汤，然后又发觉这真不是你我想要的那一杯茶——生活充满矛盾，现实不尽如人意，原来都得在把这当作一回事与不把这当作一回事的边沿上把持拿捏，或者放手。

小朋友再问，那究竟什么是生活写作？我想，这再说下去有点像职业辅导了。但说真的，在计较怎样写、写什么之前，倒真的要问一下自己，一直以来究竟有没有好好过生活？过的是理想的生活还是虚假的生活？

人生享乐，看来理所当然，但为了这享乐要付出的代价和责任，倒没有多少人乐意承担。贪新忘旧，勉强也能理解，但其实面前新的旧的加起来哪怕再乘以十，论质论量都很一般，更叫人难过的是原来处身之地的选择越来越单调贫乏。眼见处处闹哄，人人浮躁，事事投机，大环境如此不济，哪来交流冲击、兼收并蓄？何来可持续的创意育成？理想的生活原来也就是虚假的生活。

作为写作人，因为要与时并进，无论自称内容供应者也好，关键意见领袖（KOL）或者网红大 V 也好，因为种种众所周知的原因，在记录铺排写作编辑的过程中，描龙绘凤，加盐加醋，事实已经不是事实，骗了人已经可耻，骗了自己更加可悲。

所以思前想后，在并没有更好的应对方法之前，生活得继续——写作这回事，还是得先歇歇。

一别几年，其间主动换了一些创作表达呈现的形式和方法，目的是有朝一日可以再出发的话，能够有一些新的观点、角度和工作技巧。纪录片《原味》五辑，在任长箴老师的亲力策划和执导下，拍摄团队用视频记录了北京郊区好几种食材的原生态生长环境现状，在优酷土豆视频网站播放。《成都厨房》十段，与年轻摄制团队和音乐人合作，用放飞的调性和节奏写下我对成都和厨房的观感，在二〇一六年威尼斯建筑双年展现场首播。《年味有 Fun》是一连十集于春节期间在腾讯视频播放的综艺真人秀，与演艺圈朋友回到各自家乡探亲，寻年味话家常。还有与唯品生活电商平台合作的《不时不食》节令食谱视频，短小精悍，每周两次播放。而音频节目《半饱真好》亦每周两回通过荔枝 FM 频道在电波中跟大家来往，仿佛是我当年大学毕业后进入广播电台长达十年工作生活的一次隔代延伸。

音频节目和视频纪录片以外，在北京星空间画廊设立"半饱厨房"，先后筹划"春分"煎饼馃子宴、"密林"私宴、"我混酱"周年宴，还有在南京四方美术馆开幕的"南京小吃宴"，银川当代美术馆的"蓝色西北宴"，北京长城脚下公社竹屋的"古今热·自然凉"小暑纳凉宴。

同时，我在香港 PMQ 元创方筹建营运有"味道图书馆"（Taste Library），把多年私藏的数千册饮食文化书刊向大众公开，结合专业厨房中各种饮食相关内容的集体交流分享活动，多年梦想终于实现。

几年来未敢怠惰，种种跨界实践尝试，于我来说其实都是写作的延伸，只希望为大家提供更多元更直接的饮食文化"阅读"体验。

　　如是边做边学，无论是跟创意园区、文化机构还是商业单位合作，都有对体验内容和创作形式的各种讨论、争辩、协调，比一己放肆的写作模式来得复杂，也更加踏实。

　　因此，也更能看清所谓"新媒体""自媒体"，得看你对本来就存在的内容有没有新的理解和演绎，有没有自主自在的观点与角度。所谓莫忘"初心"，也得看你本初是否天真，用的是什么心。至于都被大家说滥了的"匠心"和"匠人精神"，如果发觉自己根本就不是也不想做一个匠人，又或者这个社会根本就成就不了匠人匠心，那瞎谈什么精神？！尽眼望去，生活中太多假象，大家又喜好包装，到最后连自己需要什么不需要什么，喜欢什么不喜欢什么都不太清楚，这又该是谁的责任？！

　　跟合作多年的老东家三联书店的并不老的副总编谈起在这里从二〇〇三年开始陆续出版的一连十多本"Home"系列丛书，觉得是时候该做修订、再版发行了。

　　作为著作者，我很清楚地知道自己在此刻根本没可能写出当年的这好些文章，得直面自己一路以来的进退变化，但同时也对新旧读者会在此时如何看待这一系列作品颇感兴趣。在对"阅读"的形式和方法有更多层次的理解和演绎，对"写作"有更多的技术要求和发挥可能性的今天，"古老"的纸本形式出版物是否可以因为在不同场景中完成阅读，而带来新的感官体验？这个体验又是否可以进一步成为更丰富多元的创作本身？这是既是作者又是读者的我的一个天大的好奇。

　　作为天生射手，自知这辈子根本没有真正可以停下来的一天。我将带着好奇再出发，怀抱悲观的积极上路——重新启动的"写作"计划应该不再是一种个人思路纠缠和自我感觉满足，现实的不堪刺激起奋然格斗的心力，拳来脚往其实是真正的交流沟通。

应霁

二〇一八年四月

电影还未开场，坐在我旁边的正和小女友分享一包薯片的染了一头金发的潮爆少年礼貌地把薯片递过来，轻声说不要客气随便吃——看来他认得出我这个偶尔在媒体亮相曝光的白发叔叔。

少年盛意拳拳，我当然不拒绝。拈起一块薯片放入口，松松软软的一时说不出是什么口味，马上向少年请教，他其实也不知道，昏暗中赶紧看了看包装，该是日本酱油味吧。我多嘴说这薯片该是用薯粉再压再造的，并不是原个马铃薯切片烘成，质感实有相差。况且这类薯片多吃也不怎样有益——sorry sorry，我还是再拿一块薯片然后闭嘴好了，经常向小朋友说教也的确很讨厌。

其实平日在公众场合吃零食，我也很有冲动请周围的陌生人一起吃，可是碍于这碍于那，放不下身段终未成事。倒是这"第四代"80后甚至90后，够勇敢，根本就没有什么不可以，成就了更多天真无邪好玩有趣的事。

看的电影是《2012》，山崩地裂海啸撞车塌楼死人场面多得很，就是嫌吃吃喝喝的场面少了一点。记忆所及只有驻守于黄石公园的无政府一人电台末日台长一味吃醋腌青瓜一味喝啤酒；作家男主角一家大小，在加州家里在逃难前夕煎班戟作早餐；豪华邮轮遇到海啸之际,厨房里连人带物东歪西倒一塌糊涂。如此说来,身边少年递来的几块薯片就充分体现了人类其实随时随地都可以分享交流,不要等到末日将至才匆忙补救。时间太少娱乐太多连烤片多士都来不及焦香的今时今日,难得还有如此有型兼有礼的少年,所谓香港第几代第几代有跨越不过的代沟之说根本不成立。如果有朝一日大难临头糊里糊涂同上方舟,他大概会递来一杯即食韩风辛辣面——

　　跳出来看看自己每个星期为小朋友们做的十八分钟就搞定的菜,红绿黑白黄紫五颜六色,东西南北天下一家无国籍,以色以香以味诱人,旨在吸引大家动手动脚,走进厨房这个奇异天地,先从ABC简单开始,然后大胆打破规矩,发挥你我本就潜在的天真本色。

　　期盼有此一日,金发潮爆少年递过来的那杯辛辣面里加上了熬煮得软透的大红番茄,炒得喷香的黄澄澄的鸡蛋,还得撒一把生鲜葱青葱白……

应霁
二〇一〇年二月

目录

Contents

一年容易

　　每年到了差不多这个时候，大家惯性地嘻嘻哈哈聚首一堂，惯性地做出一个惊叹以至唏嘘的动作表情——噢，想不到这么快又一年了——又三年了，又五年了，又十年了……

　　其实时间的确是一分一秒地过，时钟分针秒针并没有越走越快，而想清楚一点你无论很努力还是很懒惰，都偷不到抢不到更储不起多一点时间。时间就是这样照样独立地存在，用它不用它都是在那里。做人唯一可以争取的，就是在不同的地方不同的场合去花去应用时间，因此产生自己对生活对人情世故的种种理解。你可以说时间永远不够用，但时间也永远在等你用，这就是时间既奢侈又谦卑的所在。

　　所以在这把一切热闹、喜乐、消耗都集中在一起的年前年后的派对连场的几天，有人捧出好大一盘怪兽肢体似的阿拉斯加巨蟹脚，用牛油和现磨黑胡椒焗好，香嫩鲜美又够视觉震撼。有人巧手烤好一盘羊骨架，迷迭香气扑鼻而来。有位宅男生平第一次自制曲奇饼奉客，叫人不得不对这"处男作"捧场叫好。而我决定把时间都争取用来与大家高兴地聊天，所以提早偷步做一盘意日风味共融的番茄水牛乳酪配紫苏叶，以这种日人称作"大叶"的紫苏取代了在意式沙拉中常用的罗勒（Basil）叶，照样不吝啬地大洒上好橄榄油，撒上现磨黑胡椒和海盐，这个几乎不费神也不费力的懒招，就让我腾出多一点精神来瞻前顾后，好好旁观见证一年容易地来容易地去——

牛年到

我属牛，我是羊痴，我对真正有质素的黑猪肉从不抗拒，对鸡鸭鹅都有执着——

回到牛这一个范围，安格斯牛，和牛的种种等级评比固然要记住，一头牛从头到尾不同部位的中外叫法、肉质肌理、适合的烹调方式以至入口食味口感也是知识也是学问。不能忽视的还有众多乳类产品：牛奶、乳酪都自成一个系统，浓的淡的，稀的稠的，软的硬的，而乳酪当中最叫我留下深刻印象的，一是那酥硬起沙的帕玛逊，一是那又黏又韧又滑，在糯米与豆腐之间摆荡，入口乳香由淡到浓的水牛乳酪mozzarella。

亲身闯入过意大利小城的制作水牛乳酪的工场，早晨八时师傅们已经身着一身洁白制服在湿漉漉的工场里开工，早上新鲜送来的水牛奶加入凝乳酪形成像嫩豆腐一样的凝乳，切剖后加热轻拨，再用手拉捏成大小相若的圆球，既是人工手造，所以我们吃到的每一球乳酪都长得不大像。新鲜食用当然是最好，稍加烟熏又别具特色，我们隔十万八千里的，就只能在高档超市买那种浸在盐水中的空运版本，所费不菲地过过口瘾。不能不说的是正宗的pizza也该是放上正宗的水牛乳酪才会有那拉出来黏黏的"橡筋"，只是为了节省，也常常以牛乳制品"fior di latte"（乳之花）代替。

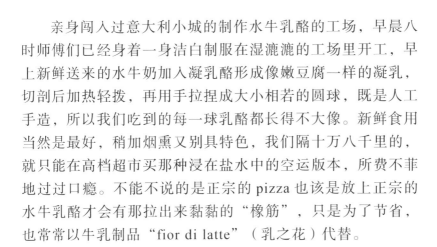

材料（两人份）

·意大利水牛乳酪（mozzarella）	两球
·番茄	四个
·新鲜紫苏叶（大叶）（日系超市有售）	十二片
·橄榄油	适量
·现磨黑胡椒	少许
·海盐	少许

| 1 | 2 | 3 | 4 |
| 5 | 6 | 7 | |

按部就班

1. 先将水牛乳酪切片。（三分钟）
2. 再将番茄洗净切厚片。（两分钟）
3. 紫苏叶洗净以厨纸拭干。（一分钟）
4. 在碟上把几种材料依次排列好。（三分钟）
5. 浇上橄榄油。（半分钟）
6. 撒上现磨黑胡椒。（半分钟）
7. 最后撒上少量海盐提味，无难度视觉系意日美味登场，
   一年容易又一年。（半分钟）

冷热小知识

正如黑胡椒粒该在应用时才研磨成细粉，保持其完整的香气与风味，粗粒的海盐也可放
进研磨瓶中即用即磨，研磨瓶中放进几粒米，避免盐粒遇上蒸汽变潮湿。

无花成正果

在我三十岁之前，我所认识的无花果都是干的。

当然这些无花果干，有软软的干、硬硬的干以及不软也不硬的干。

家里厨房橱柜里某个密封的罐子里常备的是长辈用来煲汤用的无花果干，长相比较丑，摸来软软的，煲汤后都残缺不成形，没得吃，都化作汤水中的清甜。间或出现的糖渍无花果干甜得厉害，不软不硬，吃来把嘴巴都粘住。还有那些据说有点昂贵，来自土耳其的直接就可以当零食的无花果干，就比较硬，有嚼劲，一吃就十来颗不停口，吃到身边有人要瞪眼喊"停"。

至于为什么一直都没有新鲜的无花果出现，嘴馋贪吃如我自出娘胎三十年来也竟没有问，保留一个神秘的空白。直至三十岁左右有回去探在巴黎念书的老友，才在她住处楼下的水果杂货店门口见识到那长得小小的、外皮紫紫黑黑附有一抹灰白的新鲜无花果，拿起来软软沉沉的，仿佛一碰就会破。后知后觉的我终于明白这入口清甜细滑、果肉纤维丰富奇特的无花果实在纤弱，不能奔波上路，所以也很难光着身老远跑到湿热的香港。

自此一直都乘外游机会在外地大啖又便宜又好的新鲜无花果，一买就十几颗一口气吃个不亦乐乎。直到近年才偶尔在本地的高档超市和水果摊看到用特殊纸盒呵护着的新鲜无花果，而且售价奇高，要卖上二三十港币一小颗——无钱可花，不是经常可以成正果。

糖渍甜蜜蜜

儿时家里每年接近圣诞节时段，就会收到母亲的一位老师远从纽约邮递过来的一盒礼物。礼物极大极重，主角是用各种糖渍物加面粉烤成还浇进甜酒的圣诞大蛋糕，旁边放有独立包好的小食，当中就有黏黏软软的糖渍无花果，一吃甜得连牙齿都软了。

而这位送来物重情义重的礼物的长辈在联合国图书馆工作，是母亲儿时在日本的语言老师，之后各散东西但一直保持联络。作为后后辈的我也跟这位活泼开朗而且博学多才的老师有过接触，到纽约旅行的时候更是住在她曼哈顿的家中。家中布置素净，用餐的口味也偏向清淡，所以我也不太明白老师为什么会挑一份甜得这么厉害的圣诞礼物。当然不敢问，只在猜想大抵这也是生活在纽约几十年培养出的习惯吧。即使自家不嗜甜，送出一份传统礼物并想象远方的一家子吃得甜滋滋的，实在是一件美事。

这份通常会在厨房冰箱里留到下一年三四月的礼物，终于都会被我吃完吃光，而每次只能切小半颗，足够耐吃的，就是这糖渍的无花果。

材料（两人份）

·新鲜无花果 六个
·芝麻菜   一束
·意大利芫荽 一小束
·蜂蜜   两大匙
·英国芥末酱 一匙
·初榨橄榄油 适量
·现磨黑胡椒 少许

1	2	3	4
5	6	7	8

按部就班

1. 先取芥末酱一匙。（十秒）
2. 再加入两匙蜂蜜。（二十秒）
3. 加入适量橄榄油。（二十秒）
4. 拌至均匀呈稠状。（一分钟）
5. 将新鲜无花果洗净，部分对切成半，部分切成四份。（三分钟）
6. 芝麻菜及芫荽洗净拭干，芫荽摘叶，共铺于碟上，再铺放上切好的无花果。（四分钟）
7. 将调好的酱汁轻浇其上。（一分钟）
8. 再现磨少许黑胡椒提味，新鲜甜点轻盈凉拌迎战炎夏。（半分钟）

冷热小知识

芝麻菜也就是火箭生菜（rocket），字根 roc 是拉丁文"粗涩"的意思。味辛辣，风味浓郁独特，可在素菜群中扮演"肉"的角色，与风干火腿同吃更是旗鼓相当。

炫耀时光

自小爱逞强，但碍于体育细胞极度不发达，既不是泳队中人又不是田径健儿更不是灌篮高手，又嫌啦啦队队长一下场喊破喉咙动作太大，所以只能动动小脑筋找些能够突出自己优点的"项目"，除了比较大路的以名列前茅的学业成绩唬吓一下人，倒真的是发展出又跳舞又唱歌又朗诵又画画又作文等文娱天才，叫路过的人刮目相看的同时丢下一句"爱出风头"。这叫我深深不忿，说不定也就因此正面刺激我走上好文弄艺这条不归路。

除了这类"表演"性质的活动，还有可以表现自己的竟就是"吃"这回事。从每天带回学校的午餐餐盒和小吃的与众不同的内容，家中长辈在印度尼西亚、上海、福建、日本、广东乡下种种饮食经验和习惯混杂成一体，当然跟身边小同学吃的餐盒会不一样。而推进一步每年级际春秋大旅行，我更百分之二百认真地把那"野餐"当作一回事。

当其他组别只是随便买几罐午餐肉、黄豆猪肉、回锅肉、五香肉丁罐头夹夹白面包，顶多叫家里母亲做几只卤水鸡翅，我们几个嘴馋为食的自组一党，已经是在现场调制酱汁做沙拉做前菜，砌炉生火煎牛扒烤鸡腿或者炒菜炒蛋煮汤下面（不忘芫荽和葱花），连甜品也有苹果派加冰激凌或者番薯糖水加汤圆的选择。而最"震撼"的，就是我在做沙拉前菜的时候，拿出了一罐所有同学都未曾见过的 beet root 甜菜头，击败了那一般流行的什么玉米粒呀菠萝片之类，叫我自以为是扬扬得意了好一阵。

也许是外公外婆在上海生活时常吃西餐的习惯，两位亲自指导我把罐头甜菜头开罐取出与蛋黄酱（mayonaisse）和芥末和好撒点黑胡椒，便成一道简便美味的凉拌前菜。在家里惯吃的小意思，竟成了我在外炫耀的道具。

火焰先生

甜菜头顾名思义是甜的，那种甜不如蔗糖的强劲，也不如蜂蜜的浓重，却是别有一种清鲜甚至带点生腥的感觉，未煮过的爽脆甜菜头的劲道要比煮熟后软稔质地的来得更强。 甜菜头也是以其过目不忘的紫红见称，所以一般人也直称它为红菜头，更有叫作火焰菜的，勾引起无尽红色的联想。

甜菜根茎呈球形，颜色来自一组叫作紫甜菜素的红色素群，本就是天然的染色剂，而研究发现，这些把你的手你的白T恤染红的汁液，原来有强大的抗癌作用，也能治疗心脏病、消灭寄生虫、补充铁质……从年少时认识甜菜头的罐头开始，到后来在超市发现有煮热去皮然后以真空胶囊密封处理的版本，之后更在菜市场和超市都看到新鲜的带泥土的整棵甜菜，糊糊涂涂十几二十年也竟是个逐步深入的"寻根"过程。 从暗哑熟透的紫红到生爽亮丽的鲜红，一步一步越来越贴近本尊的真面目真性格。

材料（两人份）

·新鲜甜菜头	三个
·薄荷叶	一束
·松子	适量
·青柠檬	一个
·盐	少许
·意大利陈醋	少许
·橄榄油	适量
·现磨黑胡椒	少许

按部就班

1. 先将甜菜头洗净去皮，切成薄块。（三分钟）
2. 下适量橄榄油拌匀。（半分钟）
3. 挤入柠檬汁拌匀备用。（半分钟）
4. 烤香松子并下海盐调味。（两分钟）
5. 薄荷叶洗净下锅以热水烫熟。（一分半钟）
6. 以凉开水冲洗后挤干并撕下叶片。（一分半钟）
7. 以少许意大利陈醋把薄荷叶拌腌一下。（半分钟）
8. 甜菜头置碟中，撒上烤香的松子。（半分钟）
9. 将拌腌过的熟薄荷叶置于其上。（半分钟）
10. 再撒上洗净的鲜薄荷叶并现磨进少许黑胡椒，一盘充满泥土新鲜气息和滋味的凉拌菜活现眼前。（一分钟）

冷热小知识

甜菜头生吃，除了吃它的清甜爽脆，还有一种带泥土的独特香气，源自甜菜头自身拥有的"土味素"。

街头狗狗狗狗

正当五湖四海通街通巷都在汉堡汉堡汉堡之际，我们很有必要以热狗热狗热狗抗衡之。

近年的所谓高档手工汉堡热潮，是建基在跨国连锁汉堡的泛滥饱和之上的。大家对那味如嚼蜡毫无人性的以杂肉大批量产经冷藏再翻热处理的汉堡肉饼大抵已经受够了，就开始进一步要求肉饼要有更好的肉质，更多肉汁，更多蔬菜和食材的配搭，更多蘸酱的选择、烧烤酱的方法，时间和火候也得讲究。小小汉堡花哨得起成为大学问，其实热狗也同样该有这样的江湖地位。

动一动指头就可在网上查到热狗的渊源流派，在此就不赘述了。要分享的倒是这个从欧洲旧世界移民到美洲新世界的街头小吃，真的要站在街头吃得一手蘸酱一嘴油光才算领略其中真本色真滋味——犹记得学生时代头一回在纽约大都会博物馆里走得看得筋疲力尽饥肠辘辘，在不支倒地前溜出来就在大门口阶梯旁发现一档露天卖热狗的——那经典的有芝麻点缀的在铁板平锅上烤热一下的软面包，那翻煎得皮开肉裂的大香肠，那炒得刺鼻焦香的碎洋葱，三合一就此而已，递过来，番茄汁芥末自己动手添加。

你说它极品美味又过誉了，但就是有一种来自街头的粗犷的实在的饱暖。之后无论是在伦敦午夜街头等 night bus，在德国法兰克福在瑞士洛桑火车站赶火车，还是在澳大利亚墨尔本烧烤节的摊档间，都与街头热狗再三邂逅。从街头来到街头去，即使你在家里乖乖跟随以下方法做好这一只"狗"，也要把它带到太阳底下去吃个痛快。

大酱之风

人到无求品自高——诸如此类的处世警言金句随口一堆，但有时拐个弯想曲解一下，又发觉当中不免有些吊诡。人，就是因为对生活品质的不断的追求，才会提升进入一个更精彩更有品位的境界。

如果一味孤独，得过且过没什么要求，只会越来越慵懒而且庸俗，又何来有品？所以细眉细眼地紧张挑剔生活细节也是很重要的。这包括清楚知道若要自己动手把灯笼红甜椒烧焦去皮要花多少时间，食味与现成罐装油浸的差异实际在哪里，价钱又有什么分别，货比货，价比价，见微知著牵连甚广获益良多。

如果有时间，自制红椒蘸酱用来拌面用来蘸玉米片当然可行，但时间紧迫的话，走一转超市原来有瓶装的烟熏红椒和南美特产罐装 Jalapeno 小辣椒，加上橄榄油浸番茄干，切蓉后不难猛火速熬成为热狗加分的自制蘸酱，总比拿起一瓶番茄汁或者芥末酱直接倾倒要来得高贵大方生动有趣。不得不提的是热狗肠也变化多端，这次挑选的其实是早有红甜椒和 Jalapeno 小辣椒混进其中的鸡肉肠，互相呼应热烈登场。

材料（两人份）

·热狗面包（或法国小棍面包）	四个
·热狗肠（口味自选）	四条
·瓶装烤灯笼红椒	三大个
·罐装 Jalapeno 辣椒	三小只
·橄榄油浸意大利番茄干	四片
·原糖	两匙
·意大利芫荽	适量
·橄榄油	适量

按部就班

1	2	3	4
5	6	7	8
9	10		

1. 先将灯笼红椒取出，拭干水，切成蓉，备用。（两分半钟）
2. Jalapeno 辣椒去柄切蓉备用。（一分钟）
3. 油浸番茄干切丝。（一分钟）
4. 以橄榄油起锅，将红椒蓉、辣椒蓉、番茄干一并炒香。（两分钟）
5. 加入原糖调味，继续拌炒。（两分钟）
6. 将热狗肠切成对半，方便煎热。（一分半钟）
7. 以少许橄榄油起锅，把热狗肠煎香。（三分钟）
8. 热狗面包在烤箱中加热后切开。（两分钟）
9. 将煎好的热狗肠置入面包内。（一分钟）
10. 浇上香辣醒胃的椒茄蘸酱，做一只追逐热狗的为食猫！（一分钟）

冷热小知识

油煎热狗香肠时若太高温猛火，肉可能会膨胀导致肠衣爆裂，所以请先以牙签刺穿肠衣打孔，然后以中火慢煎最好。

当红小生

自问是大小通吃的杂食动物，但一度竟也有"洁癖"地抗拒一切下了番茄酱的食物——其实番茄酱是被无辜连累了，准确一点应该说是抗拒那种在快餐店供人随便应用的瓶装番茄酱。

这个情结确是环环紧扣交缠，先是对快餐店里盛载番茄酱的玻璃瓶的瓶口和瓶颈的清洁程度十分怀疑，以至于总觉几经辛苦拍打出来的番茄酱有异味。后来部分玻璃瓶被取替换上了方便挤压的塑胶瓶，但长相也太像洗洁精瓶或者汽油瓶，叫我总觉得番茄酱里混进了不能下咽的有害杂质。再来是番茄酱被分成独立锡纸袋包装，本应就"卫生"多了，但又觉得这些包装不环保，而且未拆封未用过而直接丢掉的番茄酱包恐怕也多不胜数吧。而说到底，这些做成可以长期存放的番茄酱不免有防腐剂，且下得过多的糖、盐调味以及让卖相更好的染色素也是叫我却步甚至反感的原因。

话说回来，其实要解开这个番茄酱情结也很直接。菜市场里面来自五湖四海或便宜或高价的番茄多的是，只要肯花一点时间自己熬煮番茄酱再自行调味加料——蒜头、番茄干、初榨橄榄油，以至各种香草香料都可以配搭尝试。直至这又酸又甜的稠稠的番茄酱汁熬好，作为蘸酱配饼食、面条以至肉类，以饱含的抗氧化的茄红素、维生素 C、果皮的植物纤维、活化脑筋的氨基酸，以鲜活能量驱走那工业量产番茄酱的阴影，番茄长期是厨房里餐桌上的当红小生有其道理。

精华所在

　　每年四月像候鸟一样到米兰参观国际家具展，十九年来都是住在中央火车站附近的一星两星旅馆。出入交通方便是表面原因，其实真相是旅馆旁边有一大片空地，每逢周二与周六会变身露天市集。空荡荡只泊了一两排车的地方一觉醒来变身为能量十足的新鲜美食杂货集散地。米兰市民无论远近都来这里赶集，价格比外头便宜一两成，品质之好更是有绝对保证——对于放进口的一切，意大利人天生就挑剔刁钻。

　　这么多年来我都把这里当作我的立体多元活动教室，认识了上百种蔬果、鱼贝海产、乳酪、橄榄渍物、生熟火腿香肠、谷米豆类、橄榄油、海盐香草盐、干果、面包……市集里面对这色香味引诱忍不住总要买点能够现吃的，回程的行李里更是塞满了可以带走的干货。就像今年就分别买了好几种干面、牛肝菌和番茄干。特别是那集大地与太阳精华于一身的深红亮丽的番茄干，买的时候忍不住拿来嚼几口，闭上眼脑海浮现的是西西里大太阳底下农人将水分和种子较少的新鲜番茄对切成半，撒盐曝晒，干燥成薄片后，是露天市集中的当红热卖。番茄干固然可直接切碎与新鲜番茄一起熬煮调酱，但也可跟月桂叶、干燥的牛至 (oregano)、百里香草 (thyme) 一起放入玻璃瓶里，倒入新榨橄榄油，做成油渍番茄干，腌好后柔软鲜艳是做凉拌的提味高手。

材料（两人份）

·红番茄	八个
·番茄干	八片
·蒜头	两球
·红辣椒	三只
·意大利芫荽	一小束
·橄榄油	适量
·原砂糖	两大匙
·盐	适量
·意大利圆管面	半包

按部就班

1	2	3	4
5	6	7	8
9	10	11	12

1. 先将番茄干冲水拭干切细备用。（两分钟）
2. 蒜头去衣，三分之二切细粒，三分之一切片备用。（三分钟）
3. 番茄洗净，切小块备用。（两分钟）
4. 水烧开后放下圆管面并加适量盐。（八分钟）
5. 烧红小锅，下油先爆香蒜粒。（一分钟）
6. 将切碎的红辣椒和番茄放下同炒。（一分钟）
7. 将三分之二番茄干放进拌炒。（半分钟）
8. 待番茄煮软后下两大匙糖调味。（半分钟）
9. 熬煮至蒜头、番茄融软呈稠酱状，不断搅拌以防粘锅变焦。（两分钟）
10. 同时以小锅炸香蒜片和余下三分之一番茄干，起锅备用。（两分钟）
11. 面条煮好后放入番茄酱拌好。
12. 上碟后放上炸香的蒜片和番茄干，加芫荽伴碟提味。

冷热小知识

买来的番茄若未完全成熟，可将番茄放在棕色纸袋中，放入一个苹果。成熟的苹果会释放一种天然气体，加速番茄成熟的程度。

牛得起

我大概这一辈子也不会点一块 well-done（全熟）的牛扒，就像我自觉这一辈子到完结一刻都不会完全"成熟"。说得狠一点，成熟就是沉闷就是死期。

当然割下去血淋淋的 rare（一分熟）的牛扒也不是一般人可以接受的，要不就索性吃全生混酱 steak tartar（鞑靼牛扒），还是偏生的 medium rare（三分熟）比较合我意，medium（五分熟）常常都显得太熟，太难拿捏。

忽然早回家，忽然有强烈冲动要啖啖肉，要自己煎一块上好牛扒。而顺路看到超市的肉柜里竟然还剩一块澳大利亚的西冷牛扒，三厘米厚，三百五十克重，价格不菲，正好满足我那一刹那的食肉的欲望。

说实话，单是牛扒的各种来源分类、切割方法、烹调方法、吃法，就可以发展成一门"牛扒学"，省时的在外头花个天价吃得起，多事的勉强在家凑凑兴煎得过生过熟也无大碍，反正一人做事一人当，且相信熟能生巧，下回会更好。

坑纹锅猛火烧热了，先把牛扒每边各煎不超过两分钟，还得打直竖起牛扒略煎其边锁住肉汁。亦有大厨指点说煎好上碟后要让牛扒静置三分钟，让煎扒时外渗的血水重新被肉质纤维吸收，吃时就更有肉味。而说到底，多花点钱买一块好牛扒，成功概率就较高。

胡椒未熟时

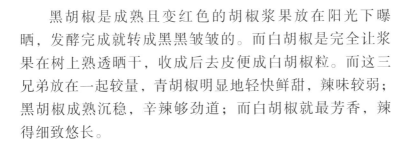

当我第一次知道餐桌上瓶瓶罐罐里的青胡椒、黑胡椒和白胡椒，原来是长在同一株植物上的同一样东西，我的第一个反应是"O"了嘴，然后马上把它们各自拿来放进嘴里试个究竟——未成熟的还是青绿色的胡椒浆果，采摘下来马上放进热水里煮过，杀掉了那种会令表皮变黑的酵素，再放在太阳下曝晒，此为干而皱皮的青胡椒；亦有采摘下来直接放进盐水或醋中入罐保存的，此为湿而饱满的青胡椒。

黑胡椒是成熟且变红色的胡椒浆果放在阳光下曝晒，发酵完成就转成黑黑皱皱的。而白胡椒是完全让浆果在树上熟透晒干，收成后去皮便成白胡椒粒。而这三兄弟放在一起较量，青胡椒明显地轻快鲜甜，辣味较弱；黑胡椒成熟沉稳，辛辣够劲道；而白胡椒就最芳香，辣得细致悠长。

煎牛扒离锅前撒些海盐和现磨黑胡椒，提出肉之鲜味，贪心地再用水浸的青胡椒配上果酱或鲜奶油和白兰地酒做成蘸酱，多少有点新派法国料理的格局。当你一口咬开那鲜辣的青胡椒，再来一口肉汁肥美的牛扒也不觉腻。

材料（两人份）

·澳大利亚西冷牛扒	三百五十克
·水浸青胡椒粒	一大匙
·红莓果酱	一大匙
·迷迭香草	一小束
·海盐	适量
·现磨黑胡椒	适量
·芝麻菜	适量
·橄榄油	少许

按部就班

1	2	3	4
5	6		

1. 以少许橄榄油将青胡椒粒爆香。（一分钟）
2. 加入一大匙红莓果酱，转小火拌至黏稠，取出放盛器中备用。（一分钟）
3. 提早将牛扒自冰箱取出，恢复室温，以大火将坑纹平底锅烧热约两分钟，将牛扒放进，煎约两分钟（视牛扒之厚薄，锅之传热度及个人对牛扒之生熟喜好适当调节）。（五分钟）
4. 牛扒翻至另一面，撒进海盐调味。（半分钟）
5. 再现磨黑胡椒调味，让另一面继续煎约两分钟。（两分钟）
6. 煎扒的同时可在坑纹锅中放入迷迭香草提提味，若要牛扒边缘稍熟，也可以竖起牛扒稍炙一下，上碟时配上红莓青胡椒酱汁及凉拌芝麻菜，一派高档牛扒屋风范。（两分钟）

冷热小知识

如果要吃牛扒，就得千挑万选"草食牛肉"，而不是坊间行销通路买到的"谷饲牛肉"，因为牛根本就该是草食动物，吃无化学药剂的牧草、无添加生长激素和抗生素长大的牛只，牛肉内的 Omega-3 含量大幅高于谷饲牛只。

贪新鲜

实不相瞒，平日三五七时忙得头昏脑涨之际，的确会开开小差想想如果忽然中了那几千万的头奖，第一时间最想做什么。其实我这个连彩票也懒得买的家伙，飞来横财的机会微乎其微，而且天生贱骨头，大抵也不会随便抛开现时的工作与生活，最应该来一个真正的悠长假期，走遍世上想去和还未想去的地方。以现在的喜好状态，当然也得尝遍各方各地的特色吃喝，了解认识世界饮食文化，即使没有什么横财在手，这也是该自掏腰包认真做的一辈子的功课。

重新开始从头来过，贪新鲜是每个人的本能，不怕老套的说法是，每天都是新的一天。只要你保持足够的好奇、乐观、幽默，把昨天的老旧的"我"轻松忘掉，没有压力没有负担，就可以开启更多的可能性。

如果要我再回到学校里念点什么，义无反顾的一定是跟饮食有关；或者是意大利慢食协会提供的关于欧洲传统食品生产制作的调查研习班，或者是法国蓝带学校提供的糕饼面包制作技术课程，或者是打破一般"学校"的概念，更实在地跑到一个意大利乡下跟一个老厨师学做意大利菜，跑到陕西跟回民老师傅学做面学做饼，跑到更偏远的非洲或南美的可可庄园里认识可可豆的种植收成与加工制作。天大地大，无论是葡萄园、果园、菜地、农田，都可以是课堂，餐厅厨房更是现场实践的绝好地方。

在这一天正式到来之前，我还是摸着石头过河，自把自为地"发明"我心目中好吃好看的新鲜好菜。就像面前这一个草莓乳酪饼，绝对笑坏专业糕饼师，可是味道确实不错，十八分钟搞定。

陈年秘密

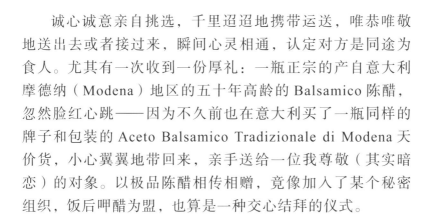

礼尚往来，不知打从什么时候开始，收到的和送出去的礼物，都是与食物有关——

这当中包括值得一读再读的中外名家撰写的饮食游记和食谱，各式各款从高档刁钻到平民实在的锅子和入厨工具，餐桌上的杯盘碗碟，五花八门的调味酱油和香料，来自五湖四海的或干或湿或新鲜或可久留的食材。当然更有需要小心安放的酒以及醋。

诚心诚意亲自挑选，千里迢迢地携带运送，唯恭唯敬地送出去或者接过来，瞬间心灵相通，认定对方是同途为食人。尤其有一次收到一份厚礼：一瓶正宗的产自意大利摩德纳（Modena）地区的五十年高龄的 Balsamico 陈醋，忽然脸红心跳——因为不久前也在意大利买了一瓶同样的牌子和包装的 Aceto Balsamico Tradizionale di Modena 天价货，小心翼翼地带回来，亲手送给一位我尊敬（其实暗恋）的对象。以极品陈醋相传相赠，竟像加入了某个秘密组织，饭后呷醋为盟，也算是一种交心结拜的仪式。

珍而重之，平日怎舍得随便动用这浓稠至极、入口芳香醇厚的好货。所以平日轻松吃食，还是用上五年十年的相对便宜货色，加热加工变稠，骗一下哄一下自己，未为太过。

材料（两人份）

·新鲜草莓	十粒
·消化饼干	六块
·意大利 Mascapone 乳酪	一盒
·原糖	四大匙
·意大利陈醋（Balsamico Vinegar）	三大匙
·薄荷叶	一小束

按部就班

1	2	3	4
5	6	7	8
9	10		

1. 先将草莓洗净，去枝蒂，切半的留六块，其余切成小粒。（三分钟）
2. 薄荷叶洗净切细丝。（两分钟）
3. 将乳酪转入碗里。（半分钟）
4. 放入两匙原糖及薄荷叶，拌匀。（一分钟）
5. 取出消化饼干放碟中，将一大匙拌好的乳酪放其上。（一分钟）
6. 乳酪上面铺上草莓粒及半颗草莓。（一分钟）
7. 浅锅中把意大利陈醋放进慢火烧热。（半分钟）
8. 放入原糖两匙待其融化。（一分钟）
9. 陈醋变稠便可熄火转小碟中。（一分钟）
10. 将陈醋浇于草莓乳酪饼面，一口大啖，放久了，饼面受潮变软吃来就会有"意外"！（两分钟）

冷热小知识

不只是考虑红绿白相衬带来视觉的愉悦，切碎一些鲜嫩的薄荷叶丝在甜点的奶油中，再在草莓上放一片薄荷叶片，让独特的薄荷脑 (Menthol) 味，稀释奶油脂肪，平衡甜味。

一试钟情

每个嘴馋贪吃如我的家伙，一定有过试吃不停嘴的亲身经验。

那是个大无畏的年代，脸皮虽然不是特别厚，就是一味地试一味地吃，也本着人家的慷慨，反正就是要招徕要给你尝一尝新，把自家店里主打的饼食呀泡菜呀昆布呀鱼干呀果酱呀乳酪呀火腿呀都一一分成小粒小块，象征式地成为小意思，送到你面前几乎递入你口，我们当然老实不客气，由第一口吃到最后一口，三四十种味道少不了。

这种经验通常是在日本百货公司的地下一层 food hall，游客甚至把这种地方作为一个观光景点，我也是因为在这里碰上太多操流利广东话的香港同胞才真的觉得有点不好意思才决定自行出局。再来就是在传统的日本菜市场和土产专门店，就像在京都的锦市场和祇园一带的腌菜、佃煮以及和果子老铺，也是明目张胆地而且举止优雅地吃完一口又一口，不忘惊讶的表情和赞美的声音。

当然也有一些专业的食品饮品展览是老饕们不可错过的，就如两年一度的由慢食协会在意大利都灵市举办的慢食节，基本上就是一个美食嘉年华。来自全球各地的传统食材的小生产单位，都会骄傲地把自家几代坚持古法生产的美味向来宾显示。无论是希腊或者西班牙某个山区小镇的橄榄，苏格兰某个牧场的牛奶羊奶制品，新西兰某个养蜂场的蜂蜜，西西里某个果园的树上熟，这一切一切都是大自然赐予的可持续生产发展的食物，都是当地饮食文化的代表，一下子都放在你眼前让你浅尝品评，本身就是感激不尽的绝大幸福。

每年一到寒流来袭气温骤降的几天，我都会想起许多许多年前在纽约的街头喝过的那杯赠饮的热苹果汁，当中还飘出浓厚的肉桂味——

治疗系热饮

如果那个冬天不在纽约，如果那天不是因为那家位于第五大道的纸品店的橱窗挂满了经典绝版的圣诞贺卡，如果我不是八卦好奇要拖着父亲走进店里看个究竟，我就没有机会跟这加入了肉桂（可能还有丁香）的赠饮的苹果汁碰面，而且果汁还是热腾腾的，端在手里好暖和，加上一室飘荡着的都是这迷人的温暖的香气，叫我一试难忘，再一次被这看来普通不过的苹果汁变身后的能量所震撼。

之前喝苹果汁都是冰的冷的，纸包或者瓶装，咕噜咕噜喝下去，有的太酸有的太甜，如果那一段时间肠胃不好，喝多了还会胃痛。偶尔也会喝鲜榨苹果汁，混入胡萝卜汁呀苦瓜汁呀掺和，求一个好玩，据说有益健康。直至遇上这混入了香料的版本，顿觉世界可以如此神奇，即使是看来简单的一个组合，也能在日常里发挥一种治疗功能，叫营役劳损过度的你我可以片刻舒缓，回一回气再战江湖，有了这治疗系热饮傍身，自己也就是自己的医生。

材料（两人份）

·苹果汁	一盒
·肉桂枝	三根
·肉桂粉	两大匙
·苹果	一个

按部就班

1	2	3	4
5	6	7	8
9			

1. 先将苹果洗净削皮。（两分钟）
2. 将果肉切小粒。（三分钟）
3. 苹果汁放锅里以中火加热。（一分钟）
4. 同时将肉桂枝冲水洗净。（一分钟）
5. 肉桂枝放苹果汁里熬煮。（半分钟）
6. 将切好的苹果肉放进锅里。（半分钟）
7. 继续熬煮。（十分钟）
8. 关火前可再多放两匙肉桂粉，增添香气。（半分钟）
9. 香气浓郁温暖无比的肉桂苹果热饮，保证一试钟情。

冷热小知识

带有花香和丁香的热辣辛香气味的肉桂似乎与苹果是天下绝配。很难想象没有下肉桂粉调味的烤苹果派。但若用来煮苹果汁，建议还是用原枝肉桂，以免有太多渣滓影响口感。

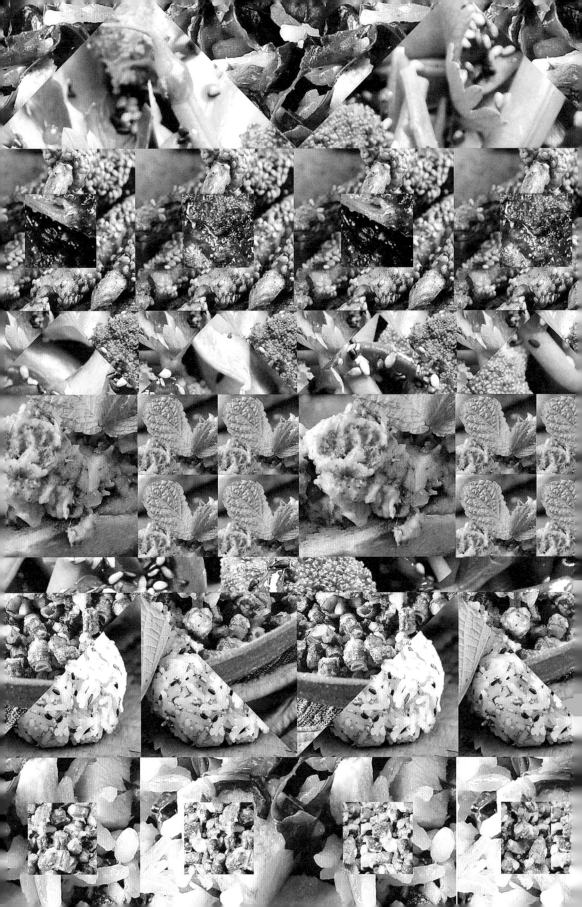

轻食世代

　　一天里吃二十八道菜，这是我被邀做美食展国际厨艺大赛评审的福气，而且初赛决赛总决赛四天下来从早到晚一共吃了近百道菜，一口气尝尽八个国家或地区的星级名厨们使出浑身解数做出的美味杰作，吃罢再摸摸那一团"腹肌"，还是由衷地觉得幸福。

　　日常吃喝，都以简单清淡为主，无论从健康角度环保角度都自我感觉良好。加上从来被贴上另类分子的标签，试想一个一天到晚谈吃谈喝的家伙如我，若然能够保持一个精瘦身形，也该是种另类吧。但碰上各方饮食专业好友的邀请，要品尝这位那位名厨的手艺，又或者是接二连三各地美食大赛的评审邀请，都叫嘴馋的我置生死于度外，毫不犹豫马上答允，就把这当作上课修炼当作经验累积，边吃边记录边评分，认真一点的话还得拍照录像，好与同好分享。

　　然而这个放肆吃喝的过程中还是需要节制自律的，否则一切后果还是得自负。幸好现在的新世代饮食趋势也都偏向轻食，即使是传统重量级料理，也都解构分拆为这里一些那里一点，起码看起来不那么饱滞吓人。一晚下来一口一口都像在吃开胃前菜的样子，保持新鲜兴奋，能够有惊喜就更好。

　　这又叫我想起意大利托斯卡纳（Toscana）地区餐前小吃 Crostini——小小一块面包上或涂点肝酱或铺点鲜罗勒碎，自发创意用蚕豆芝麻菜乳酪搅拌成蓉也不错。只是往往吃不停口，轻食前菜小吃也就成了当天主食。

蚕豆王子

如果那位身贵肉娇的公主真的隔了几十层鹅毛床垫也感觉到那一颗被刻意放下来试探她的豌豆，弄得她一夜没睡好，贵为王子的也得用稍稍大粒一点的蚕豆去考验一下——其实只要蚕豆是刚采摘下来的新鲜货色，任何人吃进口里都会忍不住赞叹，是否做得成王子也无所谓。

童年最初的蚕豆体验竟是那从街头买来的一小包油炸蚕豆，混上细盐吃来香酥脆口，但因为包装上书写为"兰花豆"，懵懂的我竟一直以为兰花也有豆。后来终于尝到鲜蚕豆（也该在厨房里帮忙剥过蚕豆的壳），鲜嫩口感一试难忘，那种豆青色更是任何潘通（pantone）色版都无法模拟的。

至于许多年后开始尝到的沪式的豆瓣酥，蚕豆煮成泥还拌进些许咸菜，美味依然但颜色略嫌灰暗，仿佛预见了蚕豆的中老年景况。所以还是喜爱用新鲜蚕豆轻灼后快冲冷水，轻轻入口的那一刹那还是嫩绿诱人，叫得上王子，就有永葆青春的幻想。

材料（两人份）

·新鲜蚕豆	一杯
·青柠檬	一个
·柠檬汁	少许
·巴马臣乳酪	一小块
·蒜头	一球
·海盐	少许
·橄榄油	适量
·法国长棍面包	一条
·芝麻菜	一束
·薄荷叶	一小束

按部就班

1	2	3	4
5	6	7	8
9	10	11	12

1. 先将新鲜蚕豆放热水中煮熟。（四分钟）
2. 蚕豆煮软后以洁净冷水冲洗以保持嫩绿。（两分钟）
3. 青柠檬削皮备用。（两分钟）
4. 法包切片备用。（两分钟）
5. 乳酪切片备用。（一分钟）
6. 以搅拌机先把蚕豆拌碎成粗粒，拿出三分之一分量备用。再把乳酪放进继续一起拌碎。（两分钟）
7. 将芝麻菜洗净沥水，放进搅拌机，将少许海盐与青柠檬屑也放进。（一分钟）
8. 注入适量橄榄油，让豆菜蓉更加柔滑。（半分钟）
9. 挤入少许柠檬汁提味，把所有材料搅拌成蓉。（一分钟）
10. 将豆菜蓉取出放碗中，加入之前搅拌过的备用的蚕豆粗粒以及洗净切碎的芝麻菜，手拌出有粗细质感的豆菜蓉。（两分钟）
11. 烧热平锅，转中火，加入橄榄油，放入切片法包，烤出两面焦脆。（三分钟）
12. 整球蒜头横切半，摩擦已烤好的法包表面，让蒜头香味沾上。上碟时把豆菜蓉放在面包上，加洗净的薄荷叶片添增味道层次。（两分钟）

冷热小知识

成熟的蚕豆，豆荚坚硬，要去除豆荚得先把蚕豆汆烫变软，用小刀剖开一端的皮，再用手指挤出鲜嫩蚕豆肉。

吃米长大

有说三日无米到肚，人就会坐立不安。这恐怕是特别针对中国南方吃米饭长大的如我这一类人。如果生来是北方人，可以吃面吃水饺吃饼，也算取代了米。以前我也觉得不吃米饭改吃面条也没有什么大不了，不管是身在中国北方还是在欧美地方，一样可以活得好好的——但随着年纪渐长，有些基本的生活条件、习惯和要求竟也越见固执，以为自己在意大利半个月应可以接受全程意大利家常菜，怎知还是惦记着米饭，即使是意大利饭也不是那回事，我要的其实只是一碗白米饭。

身在日本这个也是以米饭为主食的地方，我们这些吃饭长大的家伙简直如鱼得水。而近年的健康饮食潮流中，各式谷物米饭又成为被追捧的对象。大阪的市中心热闹地点，竟有一家占地三百平方米的"米食知识"陈列室，明亮宽敞的店面展示了各种日本国内生产的米的种类、生长周期和生态，亦有好几十种米饭和粥料理的食谱卡免费提供拿取。小型图书馆有相关米知识的书刊和网页可供查阅和链接。小卖部当然有各种食米、米加工食物、烹调用具和饭碗以及米加工美容护理品的出售。最吸引的是附设的餐厅理所当然地以米为主题，每日提供的都是从全日本各地严选的好米制作的饭餐。当天路经的时候才是上午11时左右，店里已经人头涌涌地在吃"早"饭，只见人人一脸兴奋满足，看来叫筹组这米食知识陈列室的朋友也信心大增，值得继续推广——至于我们这个吃米饭大国，又是如何看待这生命能量所在的原材料呢？

老铺名物

早就把现在港元兑换日币的汇率抛诸脑后，在京都的几天实在是有点放肆地从早吃到晚——虽然每餐的分量其实也不是吃很多，但这少吃多餐加起来的消费也颇为可观。更加上街头巷尾这里那里可以买来做伴手礼的老铺名物实在太多，一时间看见这样那样，想起这个那个老友，往往就站在人家店堂里左摇右摆拿不定主意。

在一家名叫"西利"的渍物店里，最热卖的是他们用传统方法腌制的"千枚渍"，那些几乎有足球大的白萝卜，腌好切片，连叶茎也不浪费，包装成礼盒装，很是体面，而相应的用红皮白心的萝卜、青瓜、茄子、胡萝卜、南瓜、梅子、白菜等蔬果瓜菜，也都能做成不同口感的渍物。近年还流行低盐的或用乳酸菌渍腌成的，更受新一代嘴馋人士欢迎，我在店堂里几乎逐一试吃，过足了瘾，但想来想去始终京都不是这回旅途的终点，买了这些湿漉漉的产品当礼物，总是有点顾虑。

再走几条街到了一家叫"永乐屋"的专卖佃煮的老铺。所谓"佃煮"就是用酱油和糖再加上秘制调味，分别熬煮一些食材如香菇、松蓉、小鱼干、昆布、山椒果实、花和叶等，煮好了可以放上个把月，是平日下酒下饭的开胃小菜。佃煮当然也小袋精装，体积较小方便携带，倒是不必多顾虑就"大出血"。这一回买的是驻店名物"一口椎茸"，用上日本国产香菇熬煮得香浓入味有嚼劲。

再来一家是川端通旁的"晴间"，是制作山椒小鱼干和野菜海带的专门店，以特制酱油调味煮得又软又松的小鱼干，巧妙地与山椒清爽微麻轻辣绝配，用来拌进饭团，再理想不过。

材料（两人份）

·白米	一碗
·山椒小鱼干	三大匙
·白芝麻	一小匙
·黑芝麻	一小匙
·日本新鲜紫苏叶（大叶）日系超市有售	十六片
·日本味	适量

1	2	3	4
5	6	7	8

按部就班

1. 先将黑芝麻与白芝麻用中火烘香。（一分半钟）
2. 将四块新鲜紫苏叶切细成蓉。（两分钟）
3. 同时煮好一锅白饭。（十分钟）
4. 白饭盛大碗中，加入少许味淋。（半分钟）
5. 将烘好的芝麻、山椒小鱼干一并放入。（半分钟）
6. 将所有材料与米饭拌匀。（一分钟）
7. 将两大匙拌好的米饭放于保鲜胶膜中。（半分钟）
8. 提起保鲜膜四角包裹米饭，转紧捏成饭团状，拆去保鲜膜，轻放于紫苏叶上，便成又好看又好吃的手工饭团！（三分钟）

冷热小知识

日系的山椒其实就是川菜中常用的花椒的近亲。春天花椒的嫩芽叫"木之芽"，初夏的绿色小花叫"山椒花"，结果后的"实山椒"可以做成佃煮，而花椒籽叫"割山椒"，磨成粉末就是山椒粉了。

四季如春

春来了春来了，正面的好话就是春回大地万象更新，花草树木以及人和兽都生气勃勃蓄势待发叫人有无限想象和期待。可是换另一种心情另一个角度，春天乍暖还寒，百病丛生，即使不病也不知穿什么衣服上班上学，加上冷热气流相碰，潮湿雾大，视野不清，与当下社会经济前景不明朗消费意愿低迷相互呼应——凡事皆有两面或以上，这个世界才算立体才叫有趣。

无论从正面看侧面看背面看，春天来了就是来了，也应该带来春天才有的食物，如广东乡下会吃的荠菜（古书写作"薤"），但这种长得有点像韭菜但食味不尽相同的蔬菜，早就不在"流行"菜系排名榜上，以致青春少艾小朋友们根本不知荠菜为何物。跟大家解释"不时不食"这些老祖宗的智慧竟然有点 out。因为超市中一年四季都可以买得到的蔬果多的是。生产商用上"先进"的农耕方法，包括用农药用基因改造等方法，改变了耕作自然生态，延长可种植期，提高收成，以增加产量和收入为目的。至于放入口的食物是否保得住原来滋味就不在这些凡事向钱看的商人的考虑范围了。

无谓发太多牢骚，反正个人能力能够控制的毕竟有限，但走一圈菜市场挑出绿得可爱的新鲜蔬菜来平复一下心情满足一下健康需要，还算是你我都做得到的。春夏秋冬四季多吃蔬菜有多好？不用我在这里啰唆了吧。

四季豆豆

广东俗语里说事情无难度容易办叫作"执豆都冇咁易"，但实际上天下之大，豆的种类之多，要"执"起来也真的一点儿也不容易。

心血来潮想把几种常吃的青豆来个大联盟做个凉拌，走一圈菜市场才发觉眼花缭乱，平日吃的豆角应该叫豇豆，有青白有浓绿甚至有紫色，吃的主要是豆荚，内里的豆只是小小的，一年四季都有，也就叫四季豆。然后是扁平的称作荷兰豆的，应该是像"荷兰水"一样是外来货，接着是豌豆，因为豆与豆荚鲜嫩甜美，此间也叫作蜜糖豆，其嫩茎和嫩叶就是我们常用来清炒或者放汤的豆苗。至于带毛的毛豆其实就是新鲜连荚的黄豆，晒干之后又叫大豆。黄豆发出来的大豆芽菜以及其相关菜式，又是故事的另一端，还未说什么红豆绿豆白豆黑豆扁豆鹰嘴豆，等等。

有豆就该"执"，有豆就应该多吃，当中的植物蛋白，脂肪，多种维生素，钙、磷、铁等各种矿物质好处太多。偶然读到一段趣味花边，豌豆又名澡豆，含有细嫩滑润的 B 族维生素，可以放入洗澡盆中，去皮肤上的油脂，而乡间务农女子在烈日下工作，容易使皮肤黝黑，故用豌豆苗打汁涂擦肌肤，也可消除脸部油脂，保持肌肤细嫩，所谓健康食品与用品一条龙，当之无愧。

材料（两人份）

·西兰花	一小球
·荷兰豆	二十根
·甜豆（豌豆）	二十根
·法国细豆角	三十根
·意大利芫荽	一束
·黑芝麻 / 白芝麻	各一茶匙
·芝麻酱	两汤匙
·豉油	一汤匙
·蜂蜜	两汤匙
·蒜头	两瓣
·意大利陈醋	少许

按部就班

1	2	3	4
5	6	7	8
9	10	11	12

1. 先将黑白芝麻烤香。（两分钟）
2. 蒜头去衣切极细。（一分半钟）
3. 先将芝麻酱盛碗中。（半分钟）
4. 先后加入豉油、蜂蜜、蒜头、陈醋。（一分半钟）
5. 拌好蘸酱备用。（半分钟）
6. 法国细豆角洗净切去头尾段。（一分钟）
7. 豌豆与荷兰豆洗净去头尾并抽出豆荚中的筋。（三分钟）
8. 西兰花洗净切小块。（一分半钟）
9. 烧开水把所有蔬菜先后放进烫过然后捞起。（两分钟）
10. 用洁净冷水冲洗并用厨纸拭干。（三分钟）
11. 蔬菜置碟中，浇上调好的蘸酱。（一分钟）
12. 撒上芝麻以及洗净的芫荽，清嫩美味四季健康。（一分钟）

冷热小知识

灼熟绿色豆类和蔬菜时，加热时间必须准确把握，时间过长，叶绿素与酸起作用，形成褐色的脱镁叶绿素，豆类失去光泽，维生素加速氧化被破坏，果胶也会加速水解，使豆类不再爽脆，所以迅速灼水后投进凉水降温是最佳方法。

乘除加减

跑到老远给西安师大美院的同学讲课，几百个十八九岁的小朋友们，该谈什么才不致令他们打瞌睡甚至半途离场呢？硬谈理论空谈理想都不行，还是从自己跌跌碰碰的生活和工作经验谈起，起码是实实在在的真人秀。

虽然两代人存活的社会条件和成长环境都很不一样，但对这个世界的好奇，与周遭人事的互动以及创作人该有的一些细致敏感的特质，都是可以把大家连接在一起无分老幼地交流分享的。尤其管用的是我把近年的饮食生活工作内容以 PPT 幻灯图像显示贯穿其中，就更叫这群下课后还未吃晚饭的同学"哗哗"连声，甚有反应。

谈到创作方法，我以加、减、乘、除几个关键词作为纲领。加，是长期的生活体验过程，点点滴滴的吸收消化都是量和质的添加累积。减，是到了相当时候要让自己更清晰更集中更仔细的一种瘦身手段和纤体方法。乘，是创作能量饱满、野心自信十足之时可以大胆地与周遭创作单位互相冲击碰撞，流行的说法是 crossover，以求能量和影响力都成倍数上升。除，是一个更撇脱更高层次的减，历来种种褒奖、荣耀和成就其实都不外如是，其实都是包袱，舍得丢掉就更轻松更快乐。

其实在同学面前要把加减乘除这些道理讲清楚也并不容易，当中的轻重拿捏先后互叠就是更微妙迷人之处。索性就以面前的一道由法式传统油封鸭与越式凉拌组合变身而成的美味来说明生活中的加减乘除吧。

油封记忆

已经忘了是在什么时间第一次完完整整地吃掉一整只传统的法式油封鸭腿了，外皮酥脆肉质咸香细滑，好味至极。只是一口吃完这么重量级的主菜，实在也很难集中精神再吃同样精彩的甜点，所以得失量度就是那么现实的一回事，得好好地运用减法，才可以将享受添加以至倍增。

其实法式传统油封鸭本就是个慢条斯理的手工菜：用上白胡椒、丁香、豆蔻、姜粉和盐先把肥美的鸭腿腌上二十四小时，再把已经入味的鸭腿，抹走了香料和盐，放在鸭油里以恒温慢火浸熟或者放进烤箱烤熟。这些"半制成品"可以入瓶油封存放在冰箱里，也可入罐做成罐头产品远销国外，食用时只要整只取出用慢火煎得外皮酥脆便成，这也正是众多法国餐厅主打的非常法国的招牌菜。

印象最深的是在巴黎的 Cafe du Fleur 花神咖啡店吃过的油封鸭脧配生菜凉拌，还加一只水煮蛋，分量轻巧，比做整只鸭腿聪明多了。想当年存在主义大师萨特夫妇在这咖啡厅里与友人聚会聊天，也必定以此为一顿简餐吧。

这油封的记忆中的滋味诱惑也够牵挂纠缠的，出招化解用上的是与法国文化同样有过激烈碰击的越南饮食传统，清香酸辣与油腻酥脆正好互补，这也正是我所理解的乘和除的妙法。

材料（两人份）

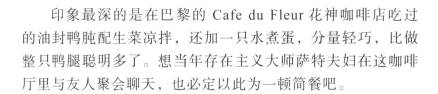

·法国罐装油封鸭腿 Confit de Canard	一只
·生菜	一棵
·姜	一大片
·蒜头	数瓣
·青柠檬	一个
·辣椒	两只
·越南鱼露	一匙
·芫荽	一小束
·薄荷叶	一小束
·原糖	一大匙

1	2	3	4
5	6	7	8
9	10	11	12

按部就班

1. 先将姜去皮切细丝。（一分钟）
2. 蒜头切薄片。（一分半钟）
3. 辣椒洗净去籽切粒。（一分钟）
4. 所有材料放臼中加一大匙原糖。（半分钟）
5. 以臼杵研磨成泥。（两分钟）
6. 挤进一个青柠檬汁。（一分钟）
7. 加一匙鱼露提味，备用。（半分钟）
8. 将油封鸭腿开罐取出，拆丝。（三分钟）
9. 以平底锅将鸭丝煎得酥脆。（三分钟）
10. 将生菜、芫荽及薄荷叶洗净沥水并撕碎置大碗中。（三分钟）
11. 以调好之酱汁加入拌妥，上碟。（一分半钟）
12. 将煎好的油鸭丝置于凉拌叶片上，咸香酸辣清爽脆嫩集于一身！

冷热小知识

油封（Confit）这个词向来泛指经缓慢烹煮以至食物饱含汁液得以保存。最初用来指用糖浆、蜂蜜和酒精烹调储存水果树（法文的 Confiture 和英文的 Confection 也就是蜜饯之意），现在一看到 Confit 这个词，都不由得想起大量的脂肪。

芝麻心事

读者与作者之间，该是种怎样的关系？

作为一个读者，有些心仪的作者远在十万八千里以外，有的更是隔了几个世纪在另外一个时空，纵使再爱，也很难表明我对他或她的感激。很清楚是因为其作品中的只言片语，甚至当中选用的一张插图或照片，影响了我从此以后的做人处事的方向态度，我只能用行动去实践他或她的信念。也许理解略有误差，演绎未必完美，这可是作为读者的我要为自己负责的。如果作者得知并目睹这种种在读者身上发生的延伸变化，也该是件奇妙有趣的事。

换个身份成为作者，也有越来越多的机会遇上自己的读者。以前碰上我的漫画书新鲜热辣刚出版，还真的会不怕害羞地跑到书店里，看看自己的书摆放在什么位置，也故意站在不怎么显眼的角落，看看谁会拿起我的漫画书来看——什么性别？什么年纪？什么穿着打扮？接电话时说话的声音和速度？进一步更想象他或她会是什么职业？尤其当看到读者聚精会神地在翻读那漫画书页时忽地扑哧一声笑了出来——我已经百分之二百心满意足。哪怕天下间只有这一个读者，能够成功博君一笑（或者哭），已是一个作者的最大的成功和荣耀。

这些年来创作出版了好些不同类型的书，读者的类别也开始多元化，除了出版社和书店主办的一些与读者见面交流的活动，也不时收到读者直接寄来和电邮来的批评建议，倒是很少再到书店里去"偶遇"读者。近来出版的一些与饮食和下厨相关的书，理所当然地想象这些读者都该是嘴馋为食、有所要求的。看书之后能够有冲动花上十八分钟按图索骥弄点吃的，已经是对作者的极大支持。像面前这道需要多用点手工多花点时间去准备的餐前下酒小菜式，该是我这个为食作者对其已知和未知的读者的一点芝麻心事吧。

原来新菜

许多年前第一次吃白芦笋，是软塌塌的罐头版本，而且是价值不菲至要珍而重之，家里几人分吃，一人一次大抵只能分得一两条，黄黄白白从水中捞起，就这样放进口固然软滑甜美，但加了一点奇妙酱拌吃，或者做成鸡蛋马铃薯芦笋凉拌也是夏天餐桌上的极品。

为什么要吃外国进口罐头甚至玻璃瓶装的芦笋？是因为那个年代市面一般菜市场根本还未有新鲜芦笋的出售，远远不及如今的普遍流行。当习惯了罐头芦笋那种"苍白无力"一下转为吃得到鲜芦笋的鲜爽脆嫩，完全是那种由旧世界到新世界，由糜烂颓废到积极再生的感觉。原产于地中海东岸及小亚细亚，流行于欧洲大陆的芦笋，虽然已有两千多年的栽培历史，但原来也只是在十七世纪才传入美洲，二十世纪初才传入中国，算是中菜食材里的一种新生事物。

这种被称为"蔬菜之王"的芦笋营养价值极高，蛋白质碳水化合物矿物质维生素组合优良。相对于其他食用史久远的蔬菜，芦笋在中菜菜式里发挥得还是很有限，简单清炒以至上汤灼浸，如此而已——这个创意空隙就等你来积极填补。

材料（两人份）

·芦笋	十五条
·烟肉（培根）	十五块
·鸡蛋	一只
·芝麻	四大匙
·面粉	适量
·黑胡椒	适量

1	2	3	4
5	6	7	8
9			

按部就班

1. 先将芦笋洗净，切去靠根部尾段。（两分钟）
2. 把烟肉贴服卷住芦笋。（五分钟）
3. 敲开鸡蛋拌打成蛋液。（一分钟）
4. 面粉放碟中，将烟肉芦笋在面粉中来回滚动，直至蘸上薄薄一层，拍打走过多粉粒。（三分钟）
5. 蛋液放另一碟中，烟肉芦笋卷逐一蘸上蛋液。（两分钟）
6. 蘸了蛋液的卷再蘸上芝麻。（两分钟）
7. 橄榄油放锅中烧热，转中小火把烟肉芦笋卷放进煎熟。（四分钟）
8. 中间别忘把烟肉芦笋卷翻动。（两分钟）
9. 煎好后得先放厨纸上吸走多余油分，趁热上碟下酒小吃 No.1！（两分钟）

冷热小知识

讲究的芦笋爱好者会备有比芦笋的长度还要高的芦笋蒸锅，竖直芦笋让尾端浸在水中煮，颈部以蒸气慢慢煮熟。但若没有此器皿，也可用锡纸自制几个定位的圆球把芦笋竖直定在普通锅中，注入热水，再用锡纸做成圆顶盖住芦笋头部，加热蒸煮，也未尝不可。

家传绝椒

在公在私，早午晚经常接触好些既感性又性感的专业厨师。这一群从小起誓自愿"嫁"入厨房，一切恩怨情仇都在这高温中解决的绝世好男人，无论远距离观察还是近距离接触，都有一种说不清楚的魅力。直接一点的该是因为吃过由他统领的团队合力炮制的美味，不得不为其专业水准鼓掌。再来就是进一步听他细诉其学厨的入行的奋斗努力经过，得知一切得来不易。能够经得起长期的长时间操劳紧张工作压力当然不简单，少一点对食物对生活的热情也无法坚持无法站稳。

当然冷静下来想一下，厨师也是人，都得下班都得回家，回到家里可得放他一马。曾经问过好些厨师，回到家里会否为家人同样烹调美味，过半都有点不好意思地笑着说 No，而最幸福的大抵是，身边的另一半——父母或者子女，都是厨中高手，能够为这些在外"为人民服务"的大厨们送上最贴心的家传好菜，一切辛苦劳累都会消融，转化为又再出发的正能量。

认识好久的一位中菜总厨，最喜欢吃的原来是由母亲亲手做的煎酿三宝——用刀刮剁手打的鱼肉加上果皮、葱粒和胡椒粉，拌匀后酿入灯笼青椒或红椒、茄子和炸豆腐里，慢火煎香再浇入豉油提味，热腾腾三宝和冷冰冰啤酒简直是绝配。

最近有机会在一个小型派对里负责部分菜式，得知总厨有空为座上客，我不怕丑地班门弄斧，以酿青尖椒单挑大梁，还知道总厨好蒜头，刻意以厚切蒜片起锅，既有蒜油慢煎青椒亦有香蒜粒粒做配角——使出"生平绝椒"，博得总厨满意点头，没有失礼，幸甚喜甚。

无辣不欢

一时不慎，在亲手除去青尖椒的籽粒之后不到一个小时，因为运动关系随手换上隐形眼镜——后果可想而知，单眼通红泪下如雨，余下的一只也不知该戴还是不该戴。说来也无法拿得准，同样的尖椒，一时爽甜全无辣味，一时即使去清籽还是辣得要命。幼儿园生和大学生的分别，只能博博彩数。

这种熟悉不过的火辣辣醒神感觉，最能驱逐一切因循沉闷，当你得知辣椒原来是蔬菜中含维生素最多又最齐备的一族，ABCDE 都不缺，你肯定会继续追寻这世上众多的与辣椒相关的食材和食谱。原产自南美洲的辣椒家族，据说更由哥伦布带回欧洲，一发不可收拾，以致如今在各大洲都有不同地区的辣椒种类和独特烹调法。相信过半地球人不能一日无辣椒，由最淡如匈牙利的 paprika 到最辣的南美品种 Naga chilly 都有一代又一代的捧场客。由于其极高的营养价值，越贫穷就越依赖越能从中获得营养。一般人以为辣椒辛辣令人吃了火气大，但实际上辣椒温中，散寒，除湿治胀胃薄弱，湖南四川等无菜不辣的省份，男女身壮面色红润就是因为得益于辣椒的最佳营养。

材料（两人份）

·青尖椒	十只
·蒜头	一整颗
·青葱	一棵
·鱼肉（已打好）	六两
·胡椒粉	适量
·生抽	适量

按部就班

1	2	3	4
5	6	7	8
9	10		

1. 先将青葱洗净，切细。（两分钟）
2. 加入鱼肉中拌匀，并以白胡椒粉调味。（两分钟）
3. 蒜头切厚片。（两分钟）
4. 青尖椒对半剖开。（两分钟）
5. 将囊中籽粒拿掉。（两分钟）
6. 以小勺将鱼肉酿入尖椒，压平。（两分钟）
7. 以蒜片起锅，转金黄后捞起备用。（两分钟）
8. 以中火将酿好的青尖椒煎香。（三分钟）
9. 以筷子按鱼肉保证馅料熟透。
10. 关火后马上把生抽浇进锅中，咸香扑鼻。上碟时把蒜片撒上，成功助阵！（两分钟）

冷热小知识

常常说去除饱含辣椒素的辣椒囊内的种子就会令辣椒没有那么辣，但其实辣椒里最辣的部分是囊中伸出连着种子的中果皮 (PITH)，若不除去，还是辣得要命。

岁月流沙

　　不要以为我平日看来事事都刁钻挑剔，讲求细致准确，但其实心底里确实羡慕大情大性鲁莽冲动的朋友，往往误打误撞得到拙朴真味。所谓难得糊涂，也真的是经历过种种精致之后再进阶修炼成的一种厉害武功。

　　其实从年少时候自认的聪明醒目，随着日换星移，做人也的确是越做越糊涂了。那些曾经是大是大非的没有转弯抹角余地的议题，忽然有天发觉都原来不再有一个统一的标准答案。平日所见所闻也乐于有荒谬离奇的起承转合，正经八百的解读就不必了，最有趣的竟然是误读——就像在地铁月台中经常把手扶梯旁的发光告示"直上大堂"读成"直上天堂"，在那人来人往的熙攘尘世中仿佛有一道天外神奇光为你照亮前路。

　　有一次在澳门码头上岸，远远望见新落成的SANDS（金沙酒店），十分霸道地雄踞一方。一向对赌场没有什么兴趣也没有多大好感的我，楼顶巨大无比的SANDS招牌竟又选择性地读出叫人猛地心一沉的SAD字，由贪入贫，分明就是一回悲哀的sad故事，也一再警惕大家无论小赌大赌都不是养性怡情的事。

　　忘了什么时候忽然流行起把从小吃大的咸蛋黄拿来煞有介事地独立处理，美其名为流沙甚至金沙，不怎么金贵的食材推陈出新成为饮食时尚，配大虾配螃蟹配锅巴以致配豆腐豆角，也许都源于某位厨中师傅一时糊涂，误打误撞——

咸蛋超人

地球团团转，每隔一些时日，总会有些好事的人，因为种种背景原因，把好些以为早就尘埃落定有公论的事情拿出来再争议裁判——如哪些日常用语其实是粗口脏话不宜在公众场合使用否则会荼毒下一代，又如哪些传统食物如咸鱼咸虾酱咸鸭蛋卤水烧味腊肉腊肠其实高盐高脂肪高胆固醇甚至含致癌物该避之则吉。这些正反双方的固执争拗其实也很正常，但往往在争拗过后，说惯脏话的还是说得痛快，而且更生龙活虎锦上添花，要吃咸蛋的还是照吃无疑，甚至发展出更吸引人更讨好的吃法。

我在这种看似正邪不两立的大环境小风波中，往往只懂傻笑。因为早就得知那些平日高大威猛的以英雄身份超人形象出现的家伙，也有他低俗粗野无聊搞笑的Q版的真实一面。在这个本就矛盾复杂的社会里人世上，亦邪亦正才是生活的真谛。现在看来有点惊吓成分的咸蛋黄和牛油曾几何时是蛋白质、脂肪、碳水化合物以及钙、磷、铁等元素的丰富来源，美味更是不在话下。所以刻意让咸蛋黄与应该无甚异议的豆角同在，偶尔惹味一下，就让你我都保留这种其实"有益身心"的 guilty pleasure（犯罪快感）吧。

材料（两人份）

·咸蛋	四只
·豆角	一束
·牛油	一片
·橄榄油	适量

按部就班

1	2	3	4
5	6	7	8
9			

1. 先用水将咸蛋外壳的灰泥冲走洗净。（两分钟）
2. 然后放锅中盖好煮熟。（七分钟）
3. 同时将豆角洗净切小粒。（两分钟）
4. 待咸蛋煮熟后取用咸蛋黄，咸蛋白可留作另外用途。（半分钟）
5. 用适量橄榄油起锅把豆角粒炒熟。（三分钟）
6. 另起小锅将牛油以小火融化。（半分钟）
7. 将咸蛋黄放小锅中以铲推成"流沙"状。（两分钟）
8. 将咸蛋黄放入炒好的豆角上。（半分钟）
9. 以铲将豆角与咸蛋黄拌匀，咸香惹味下饭首选。（一分半钟）

冷热小知识

把一个煮熟咸蛋或者鸡蛋敲破蛋壳剥出滑溜不破的整只蛋固然要碰碰运气，但要把熟蛋切出美观整齐的形状，就得把刀放在沸水里氽烫后，切来熟蛋黄就不易散碎。

有饭食饭

有粥食粥，有饭食饭——这两句从长辈"家传"下来的口头禅，言简意赅地说明了一家人一群人以至一个社会的人，有福同享有祸同当，在历史上以至当前的动荡危难时刻，随机应变，可以风光也可以收敛，而且暗暗指出大家其实也是同坐一条船，吃的都该是同一个总厨烧的菜做的粥或者饭——这个道理放诸四海也该准：有粉食粉，有面食面，有面包食面包，有马铃薯食马铃薯，有鱼食鱼，有肉食肉……反正各人按自己的能力和喜好按自己的时间和习惯作出选择，好好地食，慢慢地食。

说到食米饭，作为在南方长大的人，注定是这一辈子无法离弃米饭的了。尤其出门在外，吃了三五七天面包和面条已经是极限，怎么也得到处张罗找饭食。幸好这个地球还算有不少食饭的同好，在印度可以吃到拌进番红花、小豆蔻和肉桂皮煮的香料饭，加进蔬菜或者肉类再蒸煮成华丽夸张的口味浓重的 Biryani，在土耳其可以吃到用水或者牛肉高汤蒸煮的传统 Pilav 米饭，拌进茄子、肉粒、葡萄干和开心果仁就更是气派的做法。至于在意大利可以吃到用高汤炖煮，生米变成熟饭后分别加入芦笋、菠菜、牛肝菌干、豌豆以及不可或缺的各种乳酪和牛油的意大利炖饭。在西班牙可以吃到那一大平底锅烧成的堆满鲜鱼块、青口、虾甚至蟹、红椒黄椒番茄和青瓜的西班牙海鲜饭，米粒也记紧用番红花拌过——

有饭食饭，绕了一圈回到家里，近年开始了早餐吃饭的习惯，以白米、红米和糙米为基本，拌进番薯或者山药或者芋头等根茎同煮，饭熟后更可拌入切细的菠菜，撒点炒香的芝麻……吃罢元气大增，感觉良好，所谓养生，大抵也是简单直接如此。

有药食药

有说苦口良药，叫人总是先入为主，看到一个"药"字已经条件反射，口已经先苦起来，更严重的会苦口苦面。

但随着年纪增长，吃苦的机会多了，习惯成自然。也知道并非逢药皆苦，温润醇厚平和的也不少。就如自小在煲汤汤料里看到的晒干制作后的白白一片一片的淮山，就是一种几乎无味，但好像很有益的东西。

到了一段日子之后才见识到有如小树干（其实是地下块根）的新鲜淮山，也听闻产自河南焦作（元朝时候的怀庆府）的淮山最为有名。淮山实在也该叫作怀山，更该加一个"药"字。怀山药中更有名种珍品叫铁棍山药，味道鲜美，久煮不烂，这大抵是"特效药"了。

《本草纲目》中早已说过山药"益胃气，健脾胃，止泄泻，化痰涎，润皮毛"。而现代科学分析也说山药含有大量的黏蛋白，这种多糖蛋白质的混合物能防止脂肪沉积在心血管上，让血管保持弹性，阻止动脉粥样硬化过早发生，更可减少皮下脂肪堆积，预防类风湿关节炎，总之好处多多，既不苦口，确是良药。

对于爱吃马铃薯和芋头又怕发胖的朋友，山药就是最佳的替代品，如果受得起新鲜山药磨成蓉那黏黏的口感，功效可更神奇！

材料（两人份）

·白米	一碗
·山椒小鱼干	三大匙
·白芝麻	一小匙
·黑芝麻	一小匙
·日本新鲜紫苏叶（大叶） （日系超市有售）	十六片
·日本味	适量

按部就班

| 1 | 2 | 3 | 4 |
| 5 | 6 | 7 | 8 |

1. 先将番薯洗净削皮，切成小粒。（三分钟）
2. 再将山药洗净削皮，切成小粒。（三分钟）
3. 将切好的番薯和山药粒与洗好的米粒一同下锅，加水共煮。
   （一分钟）
4. 菠菜洗净切细丝。（四分钟）
5. 饭熟熄火，将菠菜丝跟饭拌匀。（一分钟）
6. 再加进适量麻油增香。（半分钟）
7. 加入炒烘过的芝麻，用饭勺拌匀所有材料味料。（两分钟）
8. 热腾腾健康早餐首选，一日之计在于有碗好饭吃。（一分钟）

冷热小知识

菠菜为什么叫作菠菜，原来真的是原产自中亚波斯国，被阿拉伯人誉为"蔬中之王"。
至于一直说菠菜不宜与含钙质的豆腐一起煮，是因为菠菜含有较多草酸，遇到钙就会变
成草酸钙，容易累积体内。

热情如果

年事渐高，越觉得心里必须长久有团"火"。

小时候理所当然的有火，火头到处燃着的是绘画是文学是电影是音乐是舞蹈是建筑是设计是家具是漫画是饮食，纵使只是星星火舌，也一发不可收拾放肆燎原。不怕贪得无厌最怕孤陋寡闻，心浮气躁也是必经的，再躁一点又何妨。

最不要的是到了某个阶段，自以为是，满足于既有的利益、身份和所谓江湖地位，换来的是不思进取，原来的那一团火早已熄灭，却还自封是某某领域权威，重复那些过时的老调，即使自知差劲还强说烂船也有三斤钉，但其实烂船是的确会连人带物沉到海底去的。

所以那团火那一份热情是最最要紧的，所谓"young at heart"也就是有这团生命之火在不熄不灭。有别于年少气盛风干物燥，经过岁月洗礼磨炼该是一种持久恒温，熬出老火汤用的是中火慢火，这个道理不言而喻，喝下去就是温是暖。

前些时候在马来西亚旅行途中，有幸喝到由一位同样热爱下厨烹调美味的前辈为我们这群嘴馋后辈调煮的热情果热饮。这位前辈同时是杰出的室内设计师和热带雨林保育者，长期在山野间身体力行，体验大自然的无偿恩赐，也努力回报，向公众进行心灵环保的推广活动。

喝着这芳香浓郁的混含着香茅生姜薄荷和蜂蜜滋味的热情果热饮，深感这天然的滋润竟是如此平实而迷人。有机会把这热情如此的一团"火"流传开去，就不只是贪饮贪食那么简单的一回事。

情到浓时

热情果（passion fruit），又叫百香果又叫鸡蛋果又叫西番莲果以及时钟果……

"热情"据说是误译，因为其学名"Passiflora edulis"的字头，本义其实是基督受难的意思，怎知翻一翻热情起来，也从此热情下去。

叫作百香果，可真是名正言顺，因为其果汁中含有超过一百五十种的芳香物质，集香蕉、菠萝、荔枝、番石榴、杧果、酸梅、草莓、杨桃等鲜果滋味于一身，不仅被台湾人正名作"百香果"，在西方世界也有"果汁之王"的美誉，用来加工制成盒装果汁，生津止渴醒脑提神总带热带风情。

至于叫作鸡蛋果，大概就是取其蛋（卤水蛋？）形，而破壳后流出的鲜黄蛋液，也勉强说得通。西番莲果引证的是其"入口"的热带原产地，时钟果指的是它的五片花萼和五片花瓣，有若时钟上的字盘。

追寻一种食材的前世今生来龙去脉，单其学名、正名和别名就有繁多有趣枝节，层层剖析跟踪，也需要你我相当的好奇八卦，暂且美其名曰"热情"。

材料（两人份）

·热情果	三个
·香茅	三根
·生姜	一块
·薄荷叶	一小束
·蜂蜜	四汤匙

1	2	3	4
5	6	7	8
9	10		

按部就班

1. 先将香茅洗净，切去枝干，留近根部切薄片备用。（三分钟）
2. 生姜洗净刮皮，切片备用。（两分钟）
3. 薄荷叶洗净，摘取叶片备用。（两分钟）
4. 将香茅和生姜放入开水中熬煮。（五分钟）
5. 同时剖开热情果，取出果瓤及果汁备用。（两分钟）
6. 捞起锅中的香茅和生姜弃之。（一分钟）
7. 将热情果瓤及果汁放进锅中拌匀。（半分钟）
8. 关火后放入薄荷叶浸泡。（半分钟）
9. 并将蜂蜜放入调味。（半分钟）
10. 将热饮盛入茶壶中便可上桌分享热情。（一分钟）

冷热小知识

姜在印度的阿育吠陀医学中被喻为"普世良药"，《本草纲目》中也说生姜能通神明，驱寒健胃助消化，预防恶心呕吐，所以与其家里堆满这样那样的成药，不如多备老姜、嫩姜、子姜以及黑糖姜母粉。

出得厅堂

　　家居离岛，其实出出入入也挺方便的，刚搬进去的头几年，每趟诚邀老友过来坐坐，且以吃以喝以音乐以私藏漫画大加诱惑，还是会听到这样那样的抱怨——路途遥远又要坐船又要坐车的，太花时间，也恐怕会晕船晕车。夏天怕太阳太晒，冬天又怕风太大，而且郊外地方，还有蚊叮虫咬……想不到大家都那么身贵肉娇，惜时如金。如此一来，我也省得再周张这些偏远山区家居小派对，乐得清静。倒是众人反过来笑笑"威胁"我到各人在市区的家里"到会"。

　　我命贱，既为食又好表现，乐得在大家面前舞刀弄叉的，一有这样的机会，就伙同两三位也爱下厨的老友，有组织有计划有行动，有专责烤大块大块美国牛排，半只新西兰羊腿和盐焗超级大鲳鱼，有人专责做法国意大利泰国以至越南特色甜品，而我就经常被分配负责做开胃前菜和饱肚主食，把认识的可以调动的瓜果蔬菜香草香料左右配搭，把东南西北粥粉面饭大兜乱，出奇制胜，总算色香味俱全。

　　时值岁末年初，这类不用找个借口也得见面的派对一个紧接一个，也免不了来来去去同一堆人，只是换了在不同人的家里吃喝玩乐而已。作为业余入厨人，也得保证这个派对中吃喝过的不会在另一个派对中出现，让这一门"创意产业"可以继续发扬光大不至于浪得虚名。

　　身处这些人来人往的派对场合，我们这几个"外劳"快乐至极忙得一头烟之际，还得要准备好一些应急的百搭菜式，以备越吃喝越兴奋的一众把事先准备好的菜式过早地一扫而光。面前的一盘可大可小的青葱马铃薯就是介于凉拌前菜与饱肚主食的美味，又快又好，百战百胜！

不必走青

从来贪心，吃潮州鱼蛋粉的时候会叫阿叔在碗中多撒一点芫荽和冬菜，油炸过的蒜片也不断添加；吃台湾牛肉面的时候，当然就是那些看来毫不起眼但搭配起来就不得了的辣椒酸菜；吃猪肠粉的时候更兴高采烈地把麻酱辣酱和豉油混作一团，还要撒上芝麻，吃越南粉的时候又怎少得了薄荷叶、金不换、帝鹅叶等香草？即使简单如一碗地道正宗的云吞面，既少不了那一小撮韭黄，更少不了那作为点睛的葱花。

翠绿的葱粒夹杂葱白，浮沉出现在那小小的青花碗中汤面里，不仅只是好看而已，其新鲜微辣，既与熬成云吞面汤的大地鱼鲜呼应，又负责去除银丝细面余下的些许食用碱水味，就是那么一丁点儿就发挥提味作用，跟上海葱油拌面的大把烧焦的葱所混成的效果又截然不同。

所以每当邻座的客人吩咐伙计吃面吃粥要"走青"的时候，我都会好奇地把人家打量一番，三思而后行，怕什么怕？

材料（两人份）

·马铃薯	十小个
·青葱	一束
·红葱头	四瓣
·日本山葵酱	适量
·蛋黄沙拉酱	适量
·海盐	少许
·橄榄油	少许

按部就班

1	2	3	4
5	6	7	8
9	10	11	

1. 先将马铃薯洗净放锅中煮熟。（六分钟）
2. 青葱洗净切细备用。（三分钟）
3. 红葱头切细备用。（两分钟）
4. 将青葱及红葱头置大碗中。（半分钟）
5. 放进蛋黄沙拉酱和山葵酱，拌匀。（半分钟）
6. 加入少许橄榄油。（半分钟）
7. 再加少许海盐提味。（半分钟）
8. 同时马铃薯熟透起锅拭干。（一分钟）
9. 将马铃薯连皮切成小粒。（两分钟）
10. 将调好的酱料与马铃薯拌匀。（一分钟）
11. 上碟时将余下青葱撒上，继续吃喝继续派对！（一分钟）

冷热小知识

青葱与洋葱本就是一家人，只是青葱在球根变大、茎部还新鲜呈绿色时，就被采收贩卖，久而久之种植青葱与收割洋葱变成两个"专业"，分了家。

粒粒皆兴奋

常常在一些公开演讲的问答（Q&A）时间、媒体专访的场合，以至朋友私下聊天的时候，都被问到如何面对生活里工作中的低潮？如何熬得过那些凄风苦雨的日子？说来我也常常因为这些问题的提出而要思索很久——究竟上一回低潮是在什么时候？是怎样一个来龙去脉？身处其中我又苦成一个什么样子？对不起，我实在善忘，总没法牢牢记住这些也确实出现过的所谓"低潮"。

当然我也不是那么风骚厉害得把一切不如意的事都能够全部忘掉，但很多时候当你把犯过的错误分析总结之后，得到了经验教训，坏事已经变为好事，也没有什么低潮不低潮了。当天已经塌下来了一千几百次，而每次都会顺其自然（再加少许人力支撑）地反弹回去，那就没有什么事情是解决不了的。

一方面善忘那些叫人不高兴的，一方面也反复记得甚至放大生活中那些叫人开心兴奋的事。尤其是那些偶然吃到却惊为天人的小点心，简直就是生命中的高潮。那一次翻山越岭从里岛深山里的一家度假屋转到沿岸平地稻田中的另一家旅舍，两个多小时的车程，沿路贪心停停走走看这看那，竟然忘了午餐以致最后饿得有点头昏，终于到了目的地，除了马上喝到旅舍自家调制的薄荷香茅青柠冷饮，厨房里还有声地在炸粟米饼给我们做点心。入口香酥甜美，嚼来种种香料味道又异常细致丰富——没有所谓低潮，又哪来如此高潮如此叫人兴奋！

黄金真相

在超市看到包装得干净利落的一份两根的据说是超甜粟米，但横看竖看也觉得太瘦小，像是还未完全发育成熟就被收割下来匆匆运出去包装处理，天晓得途中还有没有加工做假，所以还是跟这可怜的小粟米说再见，拐个弯就到了传统菜市场去淘宝。

果然在熟悉的菜档中一眼就看到堆得像小山一样的连叶包得结实的粟米，胀鼓鼓地预告显示着当中的精彩。捧上手沉甸甸的，不必多想就买了几根，算来比超市的售价还便宜许多。

回到厨房里，迫不及待把粟米层层剥开，先掀起叶片再拨开须芯，真"人"露相，金光耀眼，果然是饱满结实的好家伙。忍不住拔出几粒放进口里，哗哗哗，这才是超甜的选择！马上唤来正在准备摄影器材的小助手，把几颗粟米粒腾空投射到他口里——先得尝过这清甜绝顶的来自土地自然的不加人工包装的美味，然后替它们拍照造像才会更有感情，更真实更美！

材料（两人份）

· 粟米　　　　　　　　　　两根
· 鸡蛋　　　　　　　　　　两个
· 面粉　　　　　　　　　　四大匙
· 蒜头　　　　　　　　　　一球
· 红葱头　　　　　　　　　三粒
· 芫荽　　　　　　　　　　一束
· 芫荽籽粉
　（coriander seed powder）　一匙
· 海盐　　　　　　　　　　适量
· 橄榄油　　　　　　　　　适量

1	2	3	4
5	6	7	8
9	10		

1. 先将粟米去衣，以刀把粟米粒原颗切出备用。（三分钟）
2. 蒜头及红葱头去衣切细备用。（三分钟）
3. 芫荽洗净，切细备用。（两分钟）
4. 将两只鸡蛋拌打成蛋液。（一分钟）
5. 将蛋液注入盛好粟米粒的碗中，同时把面粉放进。（一分钟）
6. 加入蒜头粒、红葱头粒及芫荽，一并拌匀。（一分半钟）
7. 加入芫荽籽粉调味。（半分钟）
8. 再加入海盐提味。（半分钟）
9. 橄榄油下锅，以木匙将粟米逐份放入，以中火煎成小饼状。（两分钟）
10. 成形后再小心翻至另一面，煎成金黄酥香的餐前小吃。（两分钟）

冷热小知识

粟米本有天然甜味，但一旦摘下后，置放日久，糖分就会转变为淀粉，本来沉重湿润的粟米也会变轻变干，所以粟米还是趁新鲜购买食用最好。

与蛋同在

连续没有间断地跑步三个星期，对不起，准确地说是连续没有间断的三个星期每天跑步二十至四十五分钟（而已），这分明是读了村上春树的《当我谈跑步时，我谈些什么》的后遗影响。把跑步（或者任何形式的会流汗的有氧运动）看作创作人的排毒方法，把创作过程中的尖酸刻薄挑剔说谎作大邪恶淫贱一一排呀排出去，恢复保持一个干净的思想和身体——这三个星期来基本上神清气爽，能量水平工作效率颇高，看来村上先生的建议的确有效，毕竟他身体力行二十多载，长跑已经成为他的第二专业。

其实过去的三个星期也每天在吃蛋，而且是不同烹调方式口味风格的蛋，自家做的外头买的：水煮连壳蛋全熟半熟，打蛋在加醋水中"搞"出一个"波"蛋，散蛋花汤，蒸三色水蛋，蒸水蛋加意大利 porcini 牛肝菌干，葱白与豉油可加可不加，还有荷包蛋黄埔蛋芙蓉蛋，用牛油推出咸蛋黄来拌炒豆角也算是蛋——这样坚持蛋蛋蛋也跟我的偶像村上春树先生有关，因为他在众多非议甚至杯葛（boycott）的情况下决定出席以色列耶路撒冷文学奖颁奖礼，毫不客气地发表了一篇谴责那些冷血地、高效地、有系统地杀人的制度高墙，反对以色列以压倒性军事力量打击巴勒斯坦人的演说。演说题为《站在鸡蛋一边》："在一道坚固的高墙与一个撞破在墙上的鸡蛋之间，我永远会站在鸡蛋的一边。"

反复重读这掷地有声的一句，真有哭的冲动。你我作为一个个人，多多少少也是一个蛋，面对那原是被假设要保护我们但结果在镇压我们的高墙，只能奋身以蛋相击——既然蛋破，就不要浪费蛋黄蛋白，努力演绎多元蛋菜式，与蛋同在，相信对美食素有研究的村上先生一定支持。

够牛够菌

以下是一则早些年亲身耳闻目睹的丑事 / 惨事 / 乐事，也应该入选十大烂 gag，笑绝人寰——

身处米兰国际家具展会场某个名牌摊位中，几位操粤语（带乡音）的东莞同胞在一轮交头接耳后，目标锁定一款设计独特的新款沙发，除了来回又坐又躺，二话不说拿起相机就拍，前后左右不遗。其中一位还走前趴下，像验货一样伸手去摸沙发底的种种结构与质料，明显地就是准备第一时间抄袭仿制，叫我这个在场同是观众同是黄皮肤的香港同胞羞愧得脸都红了。

所属摊位的一位意大利负责人也理所当然地走过来阻止指责，但这几位同胞理直气壮地说，刚才一进来听到你们笑脸打招呼说 ciao ciao ciao ciao，不也就是叫我们抄抄抄抄吗？

这可用作欢迎和送别语的意大利家常 ciao ciao，从此有了中国式的十分牛 B 的演绎，与 China China 变成"拆啦拆啦"有异曲同工之妙，这是一个发展中国家与世界接轨的前奏杂音。事到如今，那几个东莞同胞也许早已赚到第一二三十桶金，相信有能力把濒临破产的一些意大利家具品牌给收购过来。

换个场景，当你走在意大利的菜市场干货摊位中拿起一袋 porcini 牛肝菌干的时候，百分之七十的机会买到的是跟意大利山区原产地一样优质味美的但是来自中国云南的版本——这些与全球一体化相关的故事日日新鲜，未完待续。

材料（两人份）

·鸡蛋	四只
·青葱	一棵
·牛肝菌干	十数片
·橄榄油 / 豉油	少许

1	2	3	4
5	6	7	8
9	10	11	

按部就班

1. 先将牛肝菌干用冷水冲洗去沙，再用温水浸泡至软身。（四分钟）
2. 将葱洗净，取最嫩之中段切极碎。（两分钟）
3. 打开四只鸡蛋，打匀成蛋液。（两分钟）
4. 加进蛋液容量一点五倍白开水，再一起拌匀。（一分钟）
5. 将蛋液倒入盛碟。（半分钟）
6. 放入适量浸软之牛肝菌，原碟放入已烧开水的锅中，以另碟加盖，以防倒汗水影响蛋面。（一分钟）
7. 中火烧热橄榄油，备用。（一分钟）
8. 蛋蒸好，移开盖碟，取出盛碟。（一分钟）
9. 在蛋面浇上橄榄油。（半分钟）
10. 再浇上豉油。（半分钟）
11. 撒上少许葱花，嫩滑幽香，连下白饭数碗！（半分钟）

冷热小知识

蒸好一盘滑溜漂亮的水蛋说困难也不困难，最重要的是不让倒汗水滴回蛋面。自从保鲜膜流行，沿碟紧紧拉上一层保鲜膜也就使蒸水蛋变成易事。但谨记把蛋汁打匀后要轻轻拨走蛋面气泡，这才不致蒸出来千疮百孔。

一
心
一
意

人在日本，难得懒懒散散的并没有一定要去看哪一个寺庙逛哪一家书店看哪一个展览——其实功课还是在做，平日从报刊中撕下来的散页还是满满的一叠带在身边。不过既然是放假，就无须逼自己从早到晚事事都有目的有企图，倒是大概有一个方向，享受在街头巷尾兜兜转转的乐趣，往往也就是在这自由迷路的过程中，才得到独一无二的旅行经验。

当然有句老话叫"闻香下马"，简单的说法也就是走到哪里吃到哪里：从那坚持用古法制作，也顺应现代健康潮流减了盐或加入乳酸菌发酵的酱菜渍物，又或者那用酱油和糖熬煮的各种送酒下饭最佳的"佃煮"，到人工手打的乌冬和荞麦面，面前一大锅热气腾腾的有蔬菜有豆腐有鱼有肉的关东煮，至于熟悉不过的蛋包饭、咖喱饭、鳗鱼饭、天妇罗、章鱼烧、炸猪排……该怎样才能控制住自己停停口呢？看来也就是平日太克制了，放假就该真正放假，心宽体胖也是种自然健康的表现。

本来在一个地方游玩就应该原原本本地吃该处的地道特色美味，但在日本实在有很多做得很精彩的"番外料理"，尤其是那些小小一家只得三四张餐桌，有如在意大利托斯卡纳的山野间或者法国南部海岸——就凭日本人一贯做事认真的态度，不仅小小的室内和有限的室外，也一丝不苟地装潢布置，就是那一盘简简单单的一千日元上下的意大利面，既守得住 al dente 有嚼劲，原则，酱汁也绝不马虎，更有惊喜的是主动却又含蓄地加入日本地道食材如辛味明太子鱼卵，如酥炸牛蒡丝，如紫菜，如青葱，都是叫意大利老乡也拍手叫好的变种。可惜香港本土除了少量有机耕种作物也再没有太多农产品了，左调右搭先练好手势做一盘原汁原味像样的意大利面，发梦想想有朝一日香港会变回一个小村，本地农业应该会复兴，一切从头再来。

往事如烟

从来不是烟民，更讨厌做二手烟民，所以只能用敬而远之避之则吉的方法处之。每次在机场看见一堆烟民在那个密封的房间里狂抽狂吸，总叫我想到集体自杀。

入住酒店旅馆时千万要跟柜台说好要入住非吸烟房间及楼层，碰上没有吸烟非吸烟区分的，一入房就格外对那些萦绕不散的烟味敏感，无法换房的话，肯定那夜就睡不安稳。

可是做人偏有双重标准，虽不吸烟却对烟熏的食物有好感，从熏肉到熏鱼到熏蛋，都忍不住一试再试。如果是传统方法用上好木头或者茶叶去熏，还算"天然"食品，但最糟糕的是现代速成法，所谓的熏也是化学味料和量产工序，完成品其实也是"仿制品"。加上不断有医生提出警告，烟熏食品实在有这样那样的危害，偶一为之还可，但不能常吃不能多吃——当然我也真的尝试做过没有烟肉的 carbonara，但没有烟肉也真的不是carbonara 了——现在只能靠好记性，大约三五个月才放肆地吃一回这个烟肉奶油蛋酱的重量级版本，心情兴奋隆重有如过年过节。

材料（两人份）

·意大利长管面	
·翠玉青瓜（zuccini）	一条
·烟肉	四块
·鸡蛋	一只
·奶油（whipping cream）	一杯
·意大利芫荽	少许
·蒜头	两瓣
·现磨黑胡椒	适量
·海盐	少许
·橄榄油	适量

1	2	3	4
5	6	7	8
9	10	11	12

按部就班

1. 先烧开水将长管面放入，按包装上提示的煮面时间减一分钟，保存嚼劲。（两分钟）
2. 同时放入少许海盐。（半分钟）
3. 将青瓜去皮切两长条。（三分钟）
4. 将烟肉切条。（两分钟）
5. 蒜头去皮切碎。（一分钟）
6. 起油锅炒香蒜头及烟肉至金黄，捞起备用。（三分钟）
7. 用油把青瓜炒软。（两分钟）
8. 长管面煮好捞起直接放锅中兜炒，同时可放半勺煮面水。（两分钟）
9. 把奶油放进，拌炒至酱汁黏稠。（两分钟）
10. 同时放进一半烟肉条，继续拌炒。（一分钟）
11. 熄火后，把打匀的鸡蛋液拌进，均匀沾满面管。（一分钟）
12. 热腾腾上碟，放余下烟肉及洗净的芫荽于上，再撒上现磨黑胡椒，宛如当年煤矿工人的 carbonara 复制版！

冷热小知识

不同形态长短的意大利面条据说是设计来"承受"由不同厚薄浓淡的油质、奶类、蔬菜、肉类及海鲜分别烹调熬煮而成的酱汁的。面条不同面积和弧度深度沾染上的酱汁多少有别，食味口感也因此不同。

公平共享

如果真的有机会腾出一年时间回到学校里念书，首选一定是意大利皮埃蒙特区的美食科学大学 (University of Gastronomic Science)，那是国际慢食运动的创办人，我和一众老友的精神领袖 Carlo Petrini 倡导创建的一所美食研究学院，念完一年的课程我不会摇身一变成专业厨师，因为来这里做客席讲师的主厨都不会教我厨中秘技，但我会更清楚近百年来的农业工业化对自然生态对物种多元性带来的种种毁灭性的影响，会知道大型跨国企业如何利用种子、肥料及杀虫剂这三种必需品在发展中国家获取最大的利益，如同侵略殖民。我会目睹大量的民间饮食及厨房知识以及传统小作坊手制食品因为农村急剧萎缩解体而流失消亡。

这一年也许是很"痛苦"的一年，但通过这深入的省思，我会更坚定地捍卫基本人权，确认每个人都有权利追求快乐、自然、身体的健康以及真正在地饮食的乐趣。这一门学科，也就是 Petrini 二十年来不断阐释定义的"新美食学"。

吃是一种不断发展的文化，食物是定义人类身份认同的要件。新美食学绝对是一门跨领域的学科，整合了植物学、物理与化学、农业、畜牧学、生态学、人类学、社会学、地缘政治学、政治经济学、贸易、科技、工学、烹饪、生理学、医学、哲学。而投身其中，矢志成为"新美食家"的，除了要具备农业、环境和生态意识，懂得维护且能保留在地物种的多样性、本来滋味和耕作方式，更有一个义不容辞的使命，倡导并引领大众对食物做出选择——好、干净和公平，就是 Carlo Petrini 提出的三个永续的选择食物的条件，而公平贸易（Fair Trade）这个应该不再陌生的概念和实践，也将因此更深入民心，更需要你的参与和支持。

坐言起行

面前小小一包妥当整齐包装的香料，当中有亮丽醒目的黄姜粉（turmeric），有几片气味独特的咖喱叶（curry leaf），有两小段香气四窜的肉桂皮（cinnamon stick），还有几颗芳香浓重的丁香（glove）和黑胡椒（black pepper）。这些平日经常出现在我的厨房里餐桌中食物里的我最喜爱最常用的香料，如此组合格外有意义——除了都是有机的产品，还是由斯里兰卡一家公平贸易组织——锡兰有机香料出口公司（Ceylon Organic Spice Exports）所监制生产的。

这家成立于 1997 年的公平贸易组织，为了改善当地贫困和弱势生产者的生计，直接向农民购入农产品，让农民获得比市价高 50% 的回报，亦成立了产品包装中心，以高出市价 40% 的价格来雇用弱势和贫困的女性进行食品加工制作，更成立了由农民自行运作的"共同储蓄基金"，帮助农民及工人家庭应付天灾、意外等突发情况，并资助农民子女上学，以知识改变命运。

在我们的理想认知里，"公平"二字是天经地义的，但现实生活中，确是有太多的不公不义。由企图从政治经济方面控制侵略全球的大国幕后操控指挥，贪得无厌唯利是图的跨国企业充当杀手，各地贪污腐败的地方政府官员欣然配合，而最受压迫剥削的往往就是与土地共存亡的弱势农户。每次读到相关资料，都叫我愤怒不已。也幸好身边众多有心人，放眼全球，组织推动公平贸易运动，叫我们不致有心无力。在日常生活中支持并购买公平贸易产品，让弱势农户直接受惠，是必要和重要的第一步。

材料（两人份）

·泰国 Hom Mali 有机白米	一杯
·斯里兰卡有机香料包	
（内有黄姜粉、肉桂皮、丁香、黑胡椒粒、干咖喱叶）	两包
·越南腰果	二十粒
·巴基斯坦橄榄油	适量
·红葱头	十粒
·红辣椒	一只
·芫荽	少许
·海盐	少许

按部就班

1	2	3	4
5	6	7	8

1. 先将白米洗净，煮饭时把半匙黄姜粉与米及米水混好，加盖中火煮约十五分钟，饭熟转极小火继续保温。（十五分钟）
2. 煮饭的同时将红葱头去皮洗净切丝。（三分钟）
3. 以橄榄油起锅，以中火将红葱头丝炒至金黄，先夹起取出三分之一留待上碟用。（四分钟）
4. 继续将干咖喱叶、肉桂皮、丁香、黑胡椒等香料放入，与红葱头共炒至香气渗出。（三分钟）
5. 将炒好的红葱头及香料放进已煮好的米饭上。（半分钟）
6. 随即与米饭拌匀。（半分钟）
7. 下盐调味。（半分钟）
8. 撒上已烘制过的腰果，红辣椒洗净去籽切丝，也一并加入拌匀。香气四溢之香料饭，公平共享。（一分钟）

冷热小知识

咖喱叶是印度西南沿岸菜系中不可或缺的调味食材，通常在农家的园子里都种有咖喱叶，随手摘来就可入菜。不要小觑其叶片细薄，却以气味浓重见称。新鲜咖喱叶很难运送，所以境外买到的只是干咖喱叶。

以心传心

大家尊称他明哥，我们一群老友叫他明仔，无论是明哥还是明仔，我们都是听他的歌曲长大的。无论外面风多大雨多大，一直不离不弃，只因为他的音乐旋律是属于这个变幻时代的，他游吟唱咏的词意是紧贴我们这个社会的人事感情。每次在他的大型演唱会以至小型分享会中，甚至只是在家里听他的新旧唱片，都有一种深深的暖意随乐曲渗透过来，这不是客套赞美说话，而我实在觉得这是一种 mutual support（相互扶持）——当我知道明哥还在坚持他的音乐理想和做人信念，我们这些相识于微时的，也应该在各自的岗位上，为达成共同的目标理想而默默耕耘狠狠发力。

最近一次与明哥碰面，是在香港乐施会引进的公平贸易农产品的一个宣传活动上。明哥一直参与乐施会推动的公平贸易活动，作为艺术大使，和公众分享公平贸易的理念和活动信息。这一次我也义不容辞地参与其中，应用一批即将引进的公平贸易产品做了好些简单直接好味有"营"的菜式，以具体实际行动支持。煮好薄荷叶和香料饭让明哥一尝，才记起上回在一众老友聚会中做煮饭仔，已经是好几年前的事——各自都忙并不要紧，最重要的是大家有心，公平公义更得以心传心。

不只零食

乐施会公平贸易农产品的宣传推广活动中，因为明哥的明星效应，来了好一批媒体的朋友，闪光灯此起彼落后有些记者朋友留下来做了些详细的采访，当中有位有点不好意思地提了一个问题：理念上大家当然认同公平贸易，也支持有机食物，但相对于市面一般日常食品，这些"有意义"的产品还是价格稍贵，而且也不是那么方便容易购买得到——

其实这也正正反映公平贸易运动的推广还须做很大努力，从媒体到个人还得要再用方法用力发声。当民众都有这个认识这个知觉，需求提高就会使贩售成本进一步下降，更有竞争力。就以有机食品为例，近年因为需求量日增，零售价已经不断下调，而作为消费者的我们，在选择日用食物的时候，也需觉察我们该抱一个"贵精不贵多"的策略，与其囤积一批廉价食物熬到过期，倒不如用相同的金钱购买量少但质高的公平贸易和有机食物，这才是新思维下的"精打细算"。

就像面前来自菲律宾的香蕉片，用椰油炸得香脆之后，再以少许蔗糖及黄姜粉调味添色，除了是绝佳零食以外，也可以为南瓜布丁增加口感和食味。有了这些公平贸易的产品相互配搭，绝对是生产者组织者消费者双赢三赢的美妙组合。

材料（两人份）

·有机南瓜	半个
·菲律宾公平贸易原蔗糖	两大匙
·菲律宾公平贸易香蕉脆片	二十片
·泰国公平贸易有机椰浆	一罐
·斯里兰卡公平贸易 有机小茴香 (cumin)	十数颗
·牛油	少许
·面粉	三大匙

按部就班

1. 先将南瓜洗净，去籽，切成小块。（三分钟）
2. 将南瓜片隔水蒸软至熟。（四分钟）
3. 以小火将椰浆稍煮。（两分钟）
4. 放入揉开果壳的小茴香共煮。（半分钟）
5. 待香气渗出后，把小茴香捞走。（两分钟）
6. 放进煮软的南瓜蓉。（半分钟）
7. 用匙把南瓜蓉与椰浆拌压至稠状。（两分钟）
8. 加入面粉不断拌匀，以增黏固。（两分钟）
9. 加入原蔗糖调味。（半分钟）
10. 起锅盛碟前加进少许牛油，以添香滑，上碟后伴饰以脆脆香蕉片。软硬口感，香甜正好。（两分钟）

冷热小知识

南瓜皮坚硬，一般帮助去根茎外皮的削刀也很难削走南瓜外皮，还是用菜刀破开南瓜再小心切割去皮，再来或蒸或煮成南瓜泥，是高纤的首选食物。

难得俗艳

卖口乖称赞人歌颂物，一般都会用上什么清新脱俗呀高雅大方呀诸如此类形容词。但面对面前那堆得像山一般高的杧果，青红橙黄甚至近紫颜色变幻多端，而且拎上手沉沉的凑近用力一闻，那浓烈得化不开的香甜简直妖冶，从色到香到味绝对是百分之二百挑逗，配不起也不稀罕你的赞美，摆明车马的俗艳，超甜劲香过足瘾。

小时候自认为有教养，其实也自知笨拙，一直不敢在家以外吃杧果。因为吃起杧果来极没有仪态，勉强把杧果皮剥开，手势不佳的果肉连果皮斑斑驳驳，丢了又可惜，吃起来又麻烦。

剥了皮的杧果黏黏滑滑地拈在手里随时跑掉，咬下来汁液四溅，吃得一嘴一脸，而吃到果核处更是又咬又啜，几近淫贱。看来吃杧果吃到脸红耳热的也大有人在。直至后来才见人用果刀把两大片连皮杧果剖开十字方格，翻开吃来比较方便优雅，但果核部分还是一样恶搞。

一般人把杧果当作饭后甜品，但我却认为杧果根本就可以当主食。那种香甜俗艳的感觉，是要完整地放肆地过分地一次性消费享受。如果需要更加充实饱肚，配上糯米饭再加上同样香浓艳俗的椰浆就更是 over the top，滋味非笔墨所能形容——尤其当我的中医得知我竟然嗜吃这样"湿热"的"毒物"，脸色一沉大加鞭挞，我就更有犯罪的快感。

万佛朝宗

当我有一天忽然知道了杧果是在汉晋时代跟着佛教一道从印度移植到中国的这个事实，我的颇为惊讶的嘴形大抵也可以塞进一个小巧的猪腰杧。如此冶艳的果物恐怕是佛祖刻意送来考验众生的一种叫人又爱又恨又湿又热又怕又要吃的东西，一旦沉迷，肯定无法摆脱，可一而再再而三。

而更吊诡的是，这原产于印度的杧果即使如今种植遍布东南亚，大家对产于菲律宾的吕宋杧、台湾的爱文杧、泰国的青杧，甚至日本温室培养的杧果都很熟悉，但万佛朝宗，最香最甜最浓也最贵的，还是这个从印度入口的个子不大的阿方索杧果（Alphonso）。

犹记得第一次跟 Alphonso 邂逅，是在新加坡的小印度区，摊子堆满杧果，索价平均也要十港元一个。但一入口简直不得了，肉质香甜嫩滑纤细，除了杧果味更吃到椰子味甚至吃到榴梿味，也就是把一切极乐滋味大集合。后来回到香港急忙四处寻觅，分别在重庆大厦、高档超市和水果专卖店都找到，索价十八港元一个，着实贵，而且供应期也只在四五月间，佛光一现就过，下回请早。

材料（两人份）

·杧果	两个
·糯米	一杯
·椰浆（纸盒装）	一包
·原糖	两匙
·盐	适量
·芝麻	适量

1	2	3	4
5	6	7	8
9	10	11	

按部就班

1. 先将糯米洗好，加等量水煮好，饭熟后盖住让糯米饭更黏软。（十二分钟）
2. 同时将杧果洗净去皮切丁，备用。（四分钟）
3. 烧热平底小锅把芝麻烘香，取出备用。（两分钟）
4. 椰浆以慢火加热。（两分钟）
5. 加入适量盐调味。（十秒）
6. 再加入两匙原糖调味。（十秒）
7. 将两大匙调好味之椰浆拌进糯米饭中。（两分钟）
8. 糯米饭取出置碗中。（两分钟）
9. 将杧果肉置于糯米饭旁。（一分钟）
10. 撒进已调味的椰浆于碗里。（一分钟）
11. 于杧果饭面上撒满烤好的芝麻，色香味全，还等什么！（半分钟）

冷热小知识

许多热带果实的英文叫法都是源自原产地的土语，例如，mango（杧果）就是南印度泰米尔语，papaya（木瓜）是加勒比语，durian（榴梿）是马来语，banana（香蕉）是西非语。

解构还魂

每个年代有每个年代的口头禅，也就是所谓的潮语，在这个经济不景气、社会动荡、民族纠纷导致战争频繁，甚至天灾接二连三触发人祸埋身的年代里，媒体以至官方经常提醒广大民众要有危机意识——危机意识不再是非常时期的"号外"式的用语，已经进入日常成为日用语。

冷静下来想一想，其实这危机意识也不是全然陌生、备受忽略，多少家庭的冰箱里从来就有一大瓶长辈们传下来的自制咸柑橘。都不知是多少年前过年过节之后，老人家把那盒黄澄澄的讨意头的柑橘摘下洗净拭干，放进干净玻璃瓶里用食盐盖过然后密封，整瓶盐腌柑橘从此放在冰箱内不见天日处起码三年零八个月，待到重见天光的那一天，每一颗柑橘都成精制的灵丹妙药，什么喉咙肿痛痰多咳嗽，捣烂一颗用热水冲开趁热喝光，病征瞬间消退，这不就是早已内置于各家各户的危机意识吗？

再来就是橱柜里为应付台风突袭或者临时有客人回家吃饭又太匆忙来不及"斩料"买叉烧之际，那几罐罐头豆豉鲮鱼或者回锅肉就担当起应急的重任。问题是家中有嘴馋小孩如我，往往未等到最危难的时刻，这些罐头就被当作零食给消化掉了，从此有谁能够好好地应付我，也算是有危机意识的表现。

危机当前，最怀念的是那一罐早就不在橱柜里存放的豆豉鲮鱼，心血来潮，用上生晒优质豆豉和手打鲮鱼肉来做一次香煎鱼饼配黑糖豆豉蘸酱，解构重组另类还魂，有危就有机，此话当真。

陈皮记

　　祖籍山东渤海郡，祖辈几番辗转南下再南下，家族从此定居广东新会，落地生根开枝散叶，赖以为生的生计之一就是种橙种柑种橘。橙柑橘新鲜收成贩卖消耗掉，剩下来可以"持续发展"成为宝物的，就是大名鼎鼎的陈皮。

　　关于陈皮的神话式的传说，除了它的食用药用功效，就是它的天价。其实凡是有点历史的自然物就有价值。好好把上等新会柑皮在太阳底下妥当晒干，小心打理贮藏比处理博物馆里的植物标本还要细心谨慎，再加上年月升华，陈而不腐，可以吃的古董当然价值不菲。

　　一般消费者如你我，着实不必太讲究一定要用上据称已有几十年高龄的陈皮，否则随时会被不法商人欺骗。那些闻来香气扑鼻的有上三五年年资的，其实已经很不错，甚至肯花时间工夫来DIY（自制）就更有保证——岁月如飞，新鲜柑皮说陈就陈，在那些家常菜式如蒸牛肉饼、煎酿鲮鱼，以至最最回味的甜品陈皮红豆沙里，陈皮发挥的作用绝对是画龙点睛，简直是灵魂所在。

材料（两人份）

·手打生鲮鱼肉	一碗
·陈皮	一瓣
·豆豉	两大匙
·青葱	一束
·麻油	两大匙
·辣椒	两只
·白胡椒粉	适量
·黑糖糖浆	两大匙
·橄榄油	适量

按部就班

1	2	3	4
5	6	7	8
9	10	11	12

1. 先将青葱洗净，取细嫩处细切成葱末备用。（两分钟）
2. 以热水浸软的陈皮切丝，备用。（一分半钟）
3. 辣椒洗净去籽切细。（一分钟）
4. 将葱末、陈皮丝及生鲮鱼肉共置碗中。（半分钟）
5. 加入麻油及白胡椒粉调味。（半分钟）
6. 将所有材料以同一方向搅拌均匀。（两分钟）
7. 中火烧热油锅，将调好味的鲮鱼肉放进。（半分钟）
8. 快速以锅铲把鲮鱼肉压成饼状，中火把两面煎至金黄。（四分钟）
9. 另起小锅，以少许油把豆豉及辣椒爆香，然后取出。（两分钟）
10. 以黑糖糖浆拌匀辣椒豆豉成调酱。（一分钟）
11. 鲮鱼饼以厨纸拭去多余油分，切成长条状。（两分钟）
12. 鲮鱼饼置盛器中，浇上适量的黑糖辣椒豆豉酱，还原豆豉鲮鱼的滋味与想象！（一分钟）

冷热小知识

为生鲮鱼肉加入切好的葱末，时机要掌握得当，因为其辛辣清香气味有挥发性，如果过早加入，会因为馅内其他物料中的盐分的影响而减少其辛辣清香，更容易变坏，故必须最后加入。

各混其酱

说到底，我们都是一群混酱的家伙。

假设人都是平等的，但混酱的手势和技术确有高下（甚至贵贱）之分。最近是大闸蟹旺季，全城上下一众嘴馋为食的看来都成了蟹痴，更有人标榜每次吃蟹都要大啖六至八只，有雌有雄，家里几乎要多买一个冰箱来储蟹，以便随时拿出来当零嘴。也有懒得自己动手的就坐在那里等着吃蟹菜，什么鲍参翅肚都跑出来与蟹黄蟹胶蟹粉相会，已经发展至匪夷所思的为创新而创新的哗众取宠的地步。当中一道最奢侈其实也是纯粹的传统吃法叫"秃黄油"，只取蟹黄与蟹胶，不加入任何蟹肉，稠稠黏黏的，油香四溢的，小小一盅拌饭拌面都是绝配，这说白了也是一种最原始最高贵的混酱。

入秋近冬，火锅的生意也该好起来，从广东的海鲜打边炉到北方的涮羊肉，最大的分别除了下锅的食材，就是那一碗蘸吃的调酱。吃海鲜的蘸酱简单得多，上好豉油加点煮熟的花生油（麻油也嫌味太呛），再加点新鲜辣椒丝，已经很能带出食材的鲜甜原味。涮羊肉的蘸酱花哨隆重得多，豉油、麻油、腐乳、南乳、蒜蓉、辣椒丝、韭菜汁、虾油、麻酱、大葱末……应有尽有，更有不知为什么打进一只生鸡蛋的，分明就是自信不足什么都贪都要的表现。

心血来潮跳到老远的南欧，来一点炒得焦香惹味的橄榄洋葱香草酱换换口味。怎知小助手迫不及待地入口一尝，咦，为什么味道竟有点像广东自家的梅菜？！

橄榄路上

时光倒流，回到 1992 年，那是西班牙南方城市塞维利亚举行世界博览会的年份。建筑师好友 M 年轻有为，负责设计新加坡国家主题馆，必须前往兴建中的地盘去监督一下。我好奇八卦，争取机会一同上路，从巴塞罗那一路驱车南下，途经古城托莱多、首都马德里以及深受伊斯兰文化及建筑风格影响的好些乡镇城堡宫殿，最后抵达塞维利亚，在满城橙树橙花飘香的三十七八度高温中，昏昏欲睡。还未睡醒便驱车上船横渡直布罗陀海峡前往另一个梦想的地方北非摩洛哥，放肆地在那几个古城的广场和大街小巷里钻来钻去，回想起来也真的是意气风发的一段快乐时光。

路上这些那些经验回忆琐碎众多，但说起来最夸张的是路上四人都不知吃了多少公斤橄榄。不知受了什么感召，那阵子超级"爱国"，爱的是西班牙国产的橄榄——油浸的、水浸的、原味的、调味的，青的、黑的，有核的、去核的以及去核后嵌进各种果仁、辣椒甚至咸鱼的。然而大家最爱吃的还是去核的水浸黑橄榄，人手一袋在车上当零嘴，吃光了半路中途随便找个小镇上的杂货店马上补充，一路吃下去吃得不亦乐乎。最终回忆里不怎么记得起一路吃了什么其他美味，都给这黑黑的橄榄抢了风头。

材料（两人份）

·水浸黑橄榄（去核）	二十粒
·洋葱	一个
·蒜头	一球
·百里香草 (thyme)	一束
·橄榄油	适量
·原糖	两大匙
·白葡萄酒	适量
·松饼	四个

1	2	3	4
5	6	7	8
9	10		

按部就班

1. 先将蒜头去衣切碎。（三分钟）
2. 洋葱去衣切细粒。（三分钟）
3. 黑橄榄切碎。（两分钟）
4. 百里香草去茎，取嫩叶片备用。（一分钟）
5. 起油锅把蒜头和洋葱炒至黏软微焦。（四分钟）
6. 把黑橄榄一并放进锅中炒匀。（一分钟）
7. 浇进白葡萄酒添香。（半分钟）
8. 放入原糖调味。（半分钟）
9. 加入百里香草炒匀提味。（一分钟）
10. 切开松饼放上橄榄洋葱酱，南欧风味尽显！（一分钟）

冷热小知识

百里香（thyme）一字来自希腊文。古代希腊人在火祭时便以百里香来熏香，所以 thyme 与"烟"和"神灵"源出同一字根。百里香在欧洲很早就被用在烹调料理中，而百里香油更早就用在护肤乳液和漱口水中，帮助抗菌。

无聊真好

说约一个朋友吃饭要有理由，旅行要有目的，看一本书要有意义，买一件衣服要有作用，我们不知不觉也理所当然地学会事事计算，讲功能、重实用，久而久之，就把很多看来意义不大目的不清理由不充分的事情给排挤掉，视作无聊——究竟有没有人会竭尽所能翻江倒海地去调查研究历史上谁是第一位把广式风干腊肠放到发好的面粉团里，拿捏成形蒸出热腾腾的腊肠卷？究竟这广式腊肠卷跟美式热狗有没有血缘关系？究竟要主办更无聊的大胃王比赛不用热狗而改头换上腊肠卷的话，情急起来，更会哽死多少个参赛好手？

也就是这样无聊的胡思乱想东拉西扯，才会刺激出一浪又一浪的无约束无国籍的美味招式。在广东老式茶楼里面点心阿婶推出那叠满大小蒸笼的点心车，迫不及待的食客们拿着点心纸一拥而上各取所需，怎样也要吃一个包子才满足才觉得像样的我，除了叉烧包、鸡包仔，最期待的就是这有秋冬赏味期限的腊肠卷，讲究的做法不只是随便一个包，得要做成螺旋纹花卷模样才算正宗，那种热腾腾一卷在手，咬下去油花四溅、一口咸香的经验实在难忘。

所以当你心血来潮要在家里自制热狗甚至自制汉堡包之际，为何不也尝试一下利用半现成的食材给自己做个中式腊肠包，贪婪如我自然把切肉肠和鸭肠都挤进这个切开的馒头里，加上烤得略焦的甜美大葱，秋冬时节，正需要这样的肥美正能量！

安心腊肠

眼不见为干净？还是得争取亲眼看过腊肠的制作过程比较安心，嫌太瘦怕太肥是你自己个人口味和健康取向，反正知道不是每天早午晚都吃，偶一为之也算是对这些传统口味的一种记忆延续，尤其秋风一起，走近腊味店就会被那传来的一袭油香给吸引住，那位吃得肥肥润润的老板就会笑哈哈地递过来一抽切肉肠和鲜胴肠，刚上市，要不要来点试试看——

恃熟卖熟央求老板允许我到工厂里参观制作过程，那可真是一个半裸的工厂，师傅们都脱掉上衣在气温略高的作坊里，不停手停脚——先将瘦肉和肥膘肉用机切粒按比例配好，用盐、糖、酒、头抽调味后将肉灌入肠衣。灌成肠后要用针孔轻刺肠衣挤走多余空气，再用水草把肠扎分成所需长度，以麻绳把肠索好吊起，整批肠会移挂到发热线旁烘焙，定时定刻上下翻转让烘焙透彻，便可运往店铺批发零售。

在这些手工小量生产的腊肠作坊里，至少没有看到那些耸人听闻的什么什么添加剂，而因气候难掌控，放弃天然风干而改用的室内烘焙，相对地也较安全卫生，时代变了工序变了，但作为食客始终求的就是吃得安心而已。

材料（两人份）

·广式切肉肠、鸭胴肠　　各一条
·大葱　　　　　　　　　一棵
·馒头　　　　　　　　　四个
·橄榄油　　　　　　　　少许

按部就班

1	2	3	4
5	6	7	8

1. 先将腊肠隔水蒸熟蒸软。（十二分钟）
2. 同时将大葱去根叶，留嫩葱部分切片。（三分钟）
3. 以橄榄油起锅将大葱两面烤得略焦。（四分钟）
4. 腊肠蒸熟后拿出。（半分钟）
5. 各切成四小段。（一分钟）
6. 把馒头从中切开。（一分钟）
7. 放入煎好的大葱。（半分钟）
8. 再把切好的腊肠放进，趁热赶快咬一口，满足感百分之二百。
   （半分钟）

冷热小知识

无论大葱、蒜头和洋葱，在煎炒烤后都很容易转成褐色，散发一种焦糖味。这主要是由所含糖分和糖链造成，也是独特风味所在。

有根有据

老生常谈挂在嘴边常说要返璞归真，究竟什么是璞？如何才算是真？在这个大量生产鼓吹消费的社会里，买买卖卖当中连安静下来照照镜子的机会也没有，恐怕璞和真也变成了某种商业口号和包装，越璞越真的大抵要用更多金钱去购买。

需要什么不需要什么？希望自己在人家眼里是一个怎样的形象？如何包装如何设计自己？都是你我在日常中经常要不断反思要调校处理的，逃避不了，否则越混越乱——性急如我其实就更要逼迫自己冷静下来，即使是装也要装出一派慢条斯理的样子（果然也有小朋友以为我真的就是这样慢吞吞的一位长者），目的就是要尽量让快与慢抗衡一下，好让日常决定多一些角度多一点选择，在自然不过的矛盾冲突当中找到生活的更多的可能性。所以在这里大言不惭地鼓励大家"快煮慢食"，十来二十分钟快手快脚在厨房里把吃喝的东西烹调准备好，然后好好地慢慢地坐下来"自作自受"，一边吃一边还可以和身边人批评面前碗碗碟碟里的功过，以求下回可以做得更快更好，吃得更慢更自在。

说得夸张一点，每日入厨即使烧一锅水煎两只蛋，也是修行的一种。通过这样日复一日的累积，不难成为烧开水达人和煎蛋达人。进一步把一千几百种食物和烹调步骤东凑西拼再整理出自己的一种手势方法，厨房达人也就顺利诞生！万变不离其宗，一切有根有据，面前这一道简单不过的由几种根茎类植物如番薯、胡萝卜和牛蒡煮成的下饭小菜，正好为从来不入厨房的一众做一个无负担无难度的启动！

榜上有牛

　　许多许多年前初次在日本料理店吃sukiyaki牛肉锅，除了那一大盘雪花白的牛肉，那一堆高丽菜、春菊、豆腐、粉丝（或苟蒻丝）和两只鸡蛋，还有一大堆泥土色的切成丝状的物体，未知贵姓大名，先把它放在锅里翻滚，热了一下也不觉其变软变滑，迫不及待径自放进嘴里，一嚼就嚼出浓烈的草根味，微苦带甘很有嚼劲——自认吃得苦中苦（如生吃苦瓜）的我欣然接受这草根阶层，细问之下才得知这叫牛蒡，日本人的至爱。之后一直吃吃喝喝，晓得日本料理的前菜小碟中有用牛蒡炒牛肉丝，下了甜甜的酱油还撒上好些烘过的芝麻，爽脆香口，主菜也有用上土鳅和牛蒡的柳川锅，滑嫩与粗糙同在，吃得很是过瘾。

　　日菜韩菜传统中牛蒡用得甚为普遍，其实家里广东老人家煲汤也偶尔用上牛蒡，只是味道略为甘苦，不算最受欢迎，但这也正是其性格与食疗价值的所在。牛蒡含丰富的蛋白质、钙质、磷质和维生素，红极一时的清热排毒蔬菜汤中，就以牛蒡为中坚分子，坊间更有袋装的牛蒡茶冲剂发售，为大家苦尽甘来变身人上人做足准备。

材料（两人份）

·胡萝卜	一个
·日本甜番薯	一个
·日本牛蒡（超市有售）	两条
·意大利芫荽	一小束
·糖	一大匙
·生抽	一大匙
·日本味淋（日系超市有售）	五大匙

按部就班

1	2	3	4
5	6	7	8

1. 先将牛蒡表皮沾满的泥巴洗净，切约 1 厘米厚片。（两分半钟）
2. 再将胡萝卜洗净切片。（一分半钟）
3. 番薯洗净连皮切片。（一分半钟）
4. 烧开水把几种食材放进。（半分钟）
5. 将锅盖上让食材煮至软熟。（八分钟）
6. 掀盖下糖调味。（半分钟）
7. 下味淋提味。（半分钟）
8. 最后下生抽，让酱料收水略稠，盛碗中时放少许芫荽增添色香味！（两分钟）

冷热小知识

番薯有很高的纤维质，具有抗氧化作用的类胡萝卜素、维生素 A 和有益心脏健康的钾，不管你怎样把番薯煎炒煮炸，记得一定要连皮吃（当然是洗净的），因为那是最高纤也最营养的部分。

黑吃黑

如果火山现在就爆发,你会怎么办?

坐在那久经风霜雨雪,显得有点残旧的六人登山吊车内,身边伴忽然问我。

其实我当时想的,倒是这缆车会不会忽然意外半天吊,不上不下好生折腾好麻烦,至于真的火山爆发,倒是轰轰烈烈一次过。

来西西里之前其实没有时间做功课,隐隐约约知道岛上有火山叫艾特纳(Etna),此外一无所知甚至没有打算一定要去,直至落实自西北面东南的走向,到了火山脚下,才知道火山同时也是雪山,而且是活的。

约好导游本来只是火山脚下半天游,怎知同车的印度家庭三人组原来早有准备登山去。既然已经来到缆车站,抬头那白茫茫的火山口也不知是在刮风下雪还是喷烟,大胆的我俩其实只穿风衣和轻便凉鞋,也兴致勃勃地排队购票。

之后的两个小时,在那不怎么保险的吊车里鸟瞰脚下的火山地貌,在那车轮系满铁链行走在冰雪中火山岩上的吉普车里,以至最后在最接近火山口的一处应该是安全的山脊上徒步,不刺骨的狂风把我俩吹得连晕头转向也来不及,几乎就此随风刮走掉落——此时此刻,即使是陌生人也因求生保暖需要搂作一团,更何况是共同生活了二十载的老伴?

勉强挣扎弯腰蜷身逆风相互扶持一步一步退回吉普车旁,即使不被大风吹也早已有点懵懂的我真心实意跟身边伴说:我甘心我愿意,而且十分过瘾,即使火山现在爆发,也总算是完成了一件事。如果有机会,下次做好准备再来一次。而这回下山后,首先要做的,就是找个港口小餐厅,吃一盘有如这里的火山岩一样黑的墨鱼汁鲜虾意大利面。

黑手悔过书

亲爱的孙医生，我其实很少后悔，因为早就知道什么叫自作自受。虽然不是大丈夫但也知道一人做事一人当，尤其是要向我那有点偏高的胆固醇负责。我还清楚地记得那天你拿着我的全身检查报告，一贯和颜悦色地跟我说一切都还 OK，只是胆固醇指数稍稍超标，看来今后一个星期顶多只可以吃两个鸡蛋，鱿鱼、墨鱼以及鳗鱼等高蛋白食物就尽量不要碰了。你的告诫我是有听进去的，也雷厉风行地执行了两个月零十八日，然后——来到意大利转眼第十天，其实从第一天开始在相熟有如回家的小餐馆里，与那已成老友的老板一握手，我已经破戒，我怎能不吃这里做得最好的炭烤小墨鱼、炸墨丸圈和墨鱼汁炖饭或者墨鱼汁意大利面呢！我一发不可收拾地在接着两天的午餐晚餐都点了这些挚爱，可我得告诉你，当我"犯罪"的时候，脑海里还闪过一下你的慈祥笑容。

我在伤自己的身的时候其实真的不想伤你的心，但我得坦白承认除了吃墨鱼，还吃了龙虾、小鳌龙虾、沙丁鱼、蛤蜊、青口和蚬等同样高蛋白的东西，更严重的是，米兰五天边吃边工作之后，我到了西西里。众所周知，西西里除了盛产黑手党，还是一个海岛，海岛上吃的，当然是海鲜。

来自西西里的黑手党为什么叫黑手党？我相信是因为他们都爱用手来吃这些会喷出墨汁的墨鱼，是否生吃有待考证。这一趟我从首府巴勒莫（Palermo）走到艾特纳火山下的卡塔尼亚（Catania），再转往米拉佐（Milazzo）乘船到小岛利帕里（Lipari），沿路肯定不停海鲜，我得提前写下这悔过书以表真诚。而我在此起誓，我乖，回家之后我一定三个月不碰墨鱼，因为我深信，在香港根本没法吃到这么地道的意大利西西里做法。

材料（两人份）

·墨鱼汁意大利面	一束
·中虾	八只
·蒜头	一球
·洋芫荽	一束
·辣椒	两只
·白酒	小半瓶
·海盐	适量
·橄榄油	适量

按部就班

1. 先将已剥壳的中虾以海盐涂抹好备用，会令肉身更爽脆。（一分半钟）
2. 蒜头切片，备用。（三分钟）
3. 辣椒洗净去籽切丝。（一分半钟）
4. 芫荽洗净摘好叶片。（一分半钟）
5. 取一半叶片切细，另一半原片叶保留，备用。（一分半钟）
6. 烧开水，将墨鱼汁面下锅，加盐。（五分钟）
7. 起锅下橄榄油，以中火将蒜片炒至香脆，捞起蒜片留下蒜油。（三分钟）
8. 以厨纸将腌过的中虾抹干，下锅用蒜油煎至虾身卷曲爽脆，夹出备用。（两分钟）
9. 黑墨鱼面煮好，捞起转移至平底锅，随即加入小半瓶白酒。（一分钟）
10. 将芫荽叶及辣椒丝放进锅中与面条一起炒匀。（一分钟）
11. 起锅上碟放进中虾。（半分钟）
12. 最后将蒜片一把撒放碟内，呼朋唤友进食，海岛度假心情油然而生。

冷热小知识

墨鱼的墨汁是一袋由酚类化合物混合而成的色素。在植物界里影响切开的水果和蔬菜变色的酚类化合物也就是它的近亲。墨鱼遇到危险可以将墨汁喷入水中避开敌人，但墨鱼汁也是让老饕垂涎的关注点。

下午早餐

不知道是哪个时候开始的一个集体印象，大家都认定了从事艺术、设计、音乐、电影以及文学创作的一干人等，都是三更半夜才思路纵横，创作能量澎湃的，这伙人既然为了创作（或者真实一点是玩乐）可以通宵达旦，也就肯定在天将破晓之际支撑不住倒头便睡，睡醒起来也肯定日上三四五竿。更随便一点的说法是，这些人都是兴之所至冲动行事的，生活并没有什么纪律，行为也不怎么检点……

如果真的是如上所说属实，我这个好歹也算是创作人的早就被开除党籍了，因为未到午夜时分，我从头到脚已经停电停产，而打从学生时代开始就没有资格熬夜，要我跟其他优秀创作人半夜开会共襄善举？简直是开玩笑。

基本上半夜十二点之前一定要上床睡觉的我，躺在床上装模作样地翻不了几页书，就马上倒头沉沉睡去。而值得到现在还保持骄傲的是，我因此习惯起得极早，一般在六点前后就清醒过来，一轮内外清洁、运动、早餐，八点前后就可以正式开始我的动脑工作。经验之谈，我倒觉得趁早上头脑清醒时工作效率奇高，反应极敏锐，大抵一个早上就把大家一天要忙的弄的都搞定。所以若然看到我午间在这里那里闲荡的话，不要以为我不务正业，因为今天该做的都做完了。

腾出来的时间，当然就可以为有需要的同胞做一客法兰西多士作为下午茶，而我亲爱的创作人朋友们最晚起床的也大概是下午三点左右这个时候，这可真是他们的早餐。

人间肉桂

当我把存放在瓶子里的肉桂枝拿出来放在碟子里，身边的小朋友好奇地问这是什么，我示意他自己先闻闻看——噢，是Cappuccino——天啊！为什么不是提拉米苏（Tiramisu）呢？两者都是一样撒上厚厚的肉桂粉，也可见肉桂的确被广泛应用在日常食品中，冷的热的，甜的以及咸的，就是为了那一种无可替代的独特的芬芳香气。每回路经那装潢得有如珠宝店一般高贵优雅的糕饼店，总会被吸引过去仔细端详那些奇特的造型、质感以及那些哪怕是极微小的装饰细节——这个撒了白糖霜，那个撒了黑巧克力粉，还有这个浅棕木头颜色的花纹图案这个该是肉桂粉吧。撒在糕点上的研磨极细的肉桂粉末常常叫心急的食客呛到，叫我每回吃提拉米苏都得格外小心。

对肉桂有最深印象的一次是在圣诞节前的纽约街头。推门走进一家专卖纸制文具的老店，一阵熟悉的香气袭来，店内竟为顾客准备了又简单又好的热苹果汁，里面放了大量的肉桂粉，喝来温暖人心，感动至今。

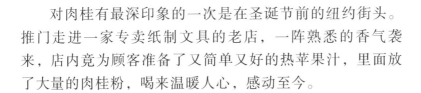

材料（两人份）

·厚切方包	四片
·香蕉	两根
·鸡蛋	四只
·牛奶	半杯
·肉桂粉	适量
·牛油	适量
·橄榄油	适量

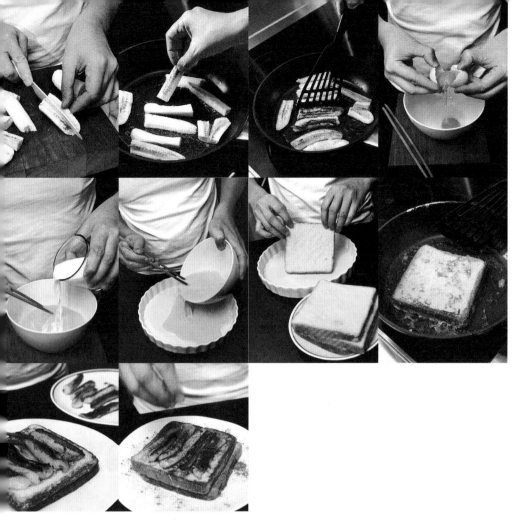

1	2	3	4
5	6	7	8
9	10		

按部就班

1. 先将香蕉去皮，切长条。（两分钟）
2. 烧热油锅，将香蕉放进。（半分钟）
3. 小心翻弄以中火将香蕉表面煎至焦香，取出备用。（三分钟）
4. 将四只鸡蛋敲破置碗中。（一分半钟）
5. 打匀鸡蛋并拌入牛奶。（一分钟）
6. 将牛奶蛋浆转置大碟中。（半分钟）
7. 放入面包蘸匀蛋浆。（两分钟）
8. 以中火把面包两面煎至金黄微焦。（五分钟）
9. 将煎好的香蕉铺放于面包表面。（一分钟）
10. 撒上少许肉桂粉并将适量牛油置其上，管你是早餐还是下午茶时间，美味至上！（一分钟）

冷热小知识

香蕉含大量纤维和丰富钾质早已人所共知，但其实还含有大量果寡糖（FOS），这种成分帮助滋养人体肠道里的益生菌，令肠道保持健康，大家吃香蕉时一般都会撕走粘在蕉肉上的丝丝带点涩的内皮，其实内皮营养丰富，可以接受的都该直接吃。

巧克落力

关于巧克力，有以下经典金句——这个世界上 90% 的人都爱巧克力，剩下的 10% 的人是在说谎。

当我最近每次向身边一众复述这叫所有的 chocoholics（巧克力狂）都感到骄傲自豪的金句，大家都笑着点头认同。而当我接着掏出口袋里早就准备好的有点名气的巧克力块给一众品尝分享之际，那眼前一亮快乐升温的场面更叫人雀跃兴奋。大家把分得的一小片巧克力看一看闻一闻，掰出清脆一声然后放进口中，静待其在舌头上慢慢融化。不同的可可品种和可可含量，不同的奶油、糖和香料食材添加，令这从固体转流质再变固体的神奇美味，分别有先后不同程度的甜、酸、苦滋味。尤其在"正道"的可可含量高达 70% 或以上的黑巧克力越来越受重视和接受之际，关于吃了巧克力能够兴奋开心之说就更有众多科学研究支持，巧克力内含有多种类似神经传导物的物质如 PEA、THC 等令人感到愉快轻松及有被爱的感觉。其中最为巧克力狂乐道的是巧克力中发现的花青素原（proanthocyanidins）类黄酮，抗氧化能力超出维生素 C 及维生素 E 达五十位，而另一种抗氧化剂（polyphenols）多酚，作用在于降低血液中胆固醇的氧化来帮助预防动脉阻塞——单就这些"健康"功能就叫人安心开心。越来越多的信息告诉大家所谓巧克力致肥是因为那些大量生产的唯利是图的巧克力版本加入太多的糖、奶油和植物脂肪，纯度高的巧克力绝不会有此烦恼问题。

所以开怀，所以更无保留地拥抱至纯至正的巧克力，无论是精华所在的那么一小片，制成甜品的千变万化，或是更原始地道地做成饮料，烹调成富南美特色的菜肴，情寻巧克力路上绝不孤独，肯定欢乐。在这海啸一波又一波冲击来袭的非常时期，保持身心好状态至为要紧，如需求助，乐观热心的巧克力家族早已各就各位。

梨园老将

沉迷巧克力，绝对一发不可收拾，尤其如我等越"黑"越过瘾的，早就自动远离那些过分加糖加奶的花哨版本，专攻单一产区的、性格分明的精品，更借来品酒的术语，尝试仔细分辨出花香、果香、果仁……更有轻重浓淡先后层次变化，当中自有无限趣味无穷学问。

吃得够多够专心够仔细，便可进阶去研究巧克力与酒与茶和咖啡的配搭，而说到水果这个范围，巧克力与士多啤梨、巧克力与樱桃、巧克力与啤梨，都是最常用亦最讨人欢心的组合。

蔬果摊中一大堆长得瘦瘦长长的西洋梨，摊贩管它们叫作比利时啤梨，翻翻资料这种原产自比利时的梨子颈长身瘦，果皮颜色啡啡黄黄绿绿像生了锈，很合 rustic modern 的审美原则。在英语世界称作 Bosc Pear 的与另一种 Conference Pear 长得很像。心生疑问这 Conference 何来？原来是远在 1885 年的国际梨子品评大会上得了金奖，深入民心广受食家欢迎，用在甜品时间更与巧克力以及红酒结下不解之缘。清香 vs 浓重，又是一种人间美食的矛盾与辩证。

材料（两人份）

·西洋梨（啤梨）	三个
·淡奶油	两百毫升
·有机可可粉	十大匙
·原砂糖	五大匙
·花椒	适量
·开水	少许

按部就班

| 1 | 2 | 3 | 4 |
| 5 | 6 | 7 | 8 |

1. 先将花椒捣碎，仔细研磨成粉，用筛留细末，弃除硬壳。（四分钟）
2. 啤梨洗净去皮。（三分钟）
3. 然后切成长段放入碗中，以淡盐水浸泡备用。（三分钟）
4. 奶油煮沸并加糖调味。（一分钟）
5. 将可可粉置碗中，将奶油注入，不断搅拌成稠状巧克力酱。（两分钟）
6. 将啤梨从淡盐水中拿出，以厨纸拭去水分，置碟中。（三分钟）
7. 将巧克力酱浇于啤梨上。（一分钟）
8. 完成后撒上花椒粉末，集清甜香浓少许麻辣于一身的甜品快乐登场！（半分钟）

冷热小知识

削皮切片后的梨、苹果和桃都容易在空气中变色，这个过程叫酶促褐变，要防止这种情况发生，有人会用上淡盐水，但过多会让水果变得带咸味，所以用淡柠檬水浸泡也是另一选择。

引体上升

虽然口口声声都说瘦身说减肥，但一到了甜点时间，大家都还是会给自己一个充分到不得了的借口，也宁愿明天再多跑一两个小时把吃下去的高糖高脂给跑出来，又或者用更"严重"的理论根据，煞有介事地把甜品视作治疗工具——安抚平复因事业爱情学业上遇到的种种不快，宁神定惊功效显著，而且往往也一发不可收拾，中式西式传统创新接二连三无比欢迎。

也常常因为是时间关系，在家里自作自受或娱乐好友之际，顾得及前菜主菜，甜品往往也就无力应付了。而往往甜品也给人程序复杂手工麻烦的感觉，很多朋友自从十年八年前在学校勉强做过一个蛋糕做过几块曲奇饼之后，就再也没有胆识和时间自制甜品了。

前些日子去探一个独居的单身汉，他兴高采烈地说要给我做一种他自家"发明"的甜品。难得这位几乎从来跟厨房沾不上边的老兄肯动手，我当然乐意"冒险"，然后他就去烘了两块来自一家很有名的手工面包店的麦包，打开一盒高档雪糕，趁面包热辣辣的时候把冰冰的雪糕涂上去，这个总不会出错的搭配也真让人感动，吃来也竟然不俗。

既然跨出了第一步，我告诉这位老兄，就让我们一起再向前进阶吧。经常到意大利出差的他，吃过这家那家据说都是最正宗的提拉米苏，大抵从来也没想过自己也能做一盘百分百意大利特式美味来迷惑街坊吧。这里就来试试一个简便却又完美的即食版本，保证像提拉米苏这个意大利原文的意思 pick me up，一入口就令你升仙。

荣誉配角

一出大戏要成功，从导演摄影音乐美工到男女主角配角以至茄喱啡（carefree）都同样重要，各自的投入参与都功不可没。一道菜一道甜品也如是。每一种食材各有分量比例各有出场次序，哪怕是几经艰辛跑到天脚底才找得到的珍贵食材，也得靠另一些可能普通不过的油盐糖醋来提提味，天作之合其实真正排名不分先后。

所以常常好奇这种叫作 Savoiardi 的意大利手指甜饼在未成为提拉米苏的主角之前，究竟在意大利国民以至境外老饕心中占一个什么位置，更耐人寻味的是这种手指甜饼正面蘸糖霜背面"清白"松化，就正好让咖啡液从这背面好好渗进去。糖霜正面亦正好把咖啡液 hold 住，是这种"结构"造就了提拉米苏还是其实有两面糖霜或两面无糖的版本？就得深入考据一下。

同样不可缺少的 Mascarpone 软乳酪，Kahlua 咖啡甜酒或者 Amaretto 杏仁酒，实在也很难说是主角还是配角，反正都在这流行全球的提拉米苏风潮中声名大噪，总算是摆足彩。

材料（两人份）

·Mascarpone 软乳酪	500 克
·蛋黄	两个
·原砂糖	五茶匙
·即溶 Expresso 咖啡粉	一包
·Savoiardi 手指甜饼	十五块
·无糖可可粉（或阿华田）	适量
·Kahlua 咖啡甜酒	适量

按部就班

1	2	3	4
5	6	7	8
9	10	11	12

1. 先将鸡蛋敲开，取蛋黄。（一分钟）
2. 把蛋黄打匀。（一分钟）
3. 将 Mascarpone 软乳酪取出置碗中。（一分钟）
4. 将乳酪与蛋黄拌匀。（两分钟）
5. 加入原砂糖。（半分钟）
6. 加入咖啡甜酒，一起拌匀，放冰箱中备用。（一分钟）
7. 以热水冲开即溶咖啡粉，倒入碟中。（一分钟）
8. 将四分之一乳酪蛋浆置碟中。（半分钟）
9. 以手指甜饼（无糖的背面）吸取碟中咖啡，然后反转甜糖排放于乳酪上。（两分钟）
10. 铺置完成一层甜饼再铺上另一层乳酪。（两分钟）
11. 如是者重复一排。（两分钟）
12. 上桌前撒上薄薄一层可可粉，即食提拉米苏杀食登场！（一分钟）

冷热小知识

关于该不该吃蛋黄的争论无日无之，支持者指出人体需要的所有九种氨基酸都集中在蛋黄里，更是提供胆碱的最好来源，预防胆脏累积胆固醇和脂肪。如果生蛋黄是来自高品质有机饲养的 Omega-3 强化走地鸡蛋，也很少受到沙门氏菌感染。

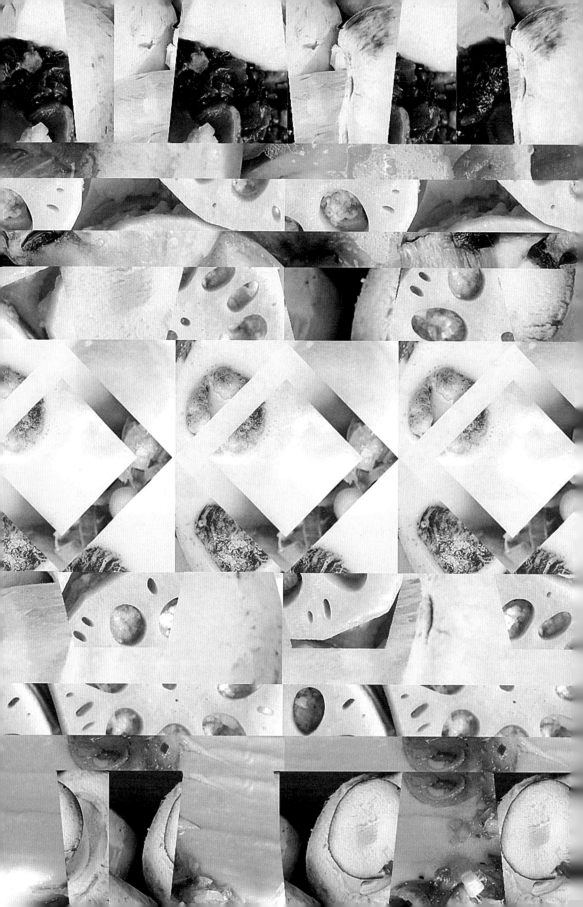

见微知著

有说一方水土养一方人，更正面更细致准确的说法就是人杰地灵，固然我们在意气风发的时候就会觉得香港其实也不差，也算是人才辈出的，问题是这些人才的能力都比较一面倒，精于金融商贸行政管理却拙于人文艺术设计，所以一谈到生活美学，大家就只能用钱用银码拼凑，用一堆所谓国际名牌来点缀充撑自己的贫乏，结果也只能是活在名牌的阴影下，丧失了自己独立的个性，也没法令香港真正成为一个创意澎湃的集中地。

这些反思这些对比都是在旅行京都时体验领会出来的。一个规模小于香港的古老城市，千年繁华过后，累积沉淀出叫人回味再三又充满新鲜期待的特质，念旧保守的同时也愿意开放包容。所以我们可以看到很多传统的町屋和历史性建筑物活化改造成商业空间和公共场所，有保留清幽雅致的，也有大胆前卫冲击的。传统食材渍物佃煮物、传统京料理以及和果子得到额外的重视保留，传统服饰和传统工艺也被推崇备至。民众在这个环境氛围下都有自己认同和坚持的一套生活美学，对细节格外注重，即使是家里平日用餐的小小一道餐前凉菜，也体现出一种细密心思。所谓见微知著，赢得了无言赞许和衷心尊重。

剩余增值

南方人管这个叫饭焦，北方人直称这为锅巴，不知从哪个时候开始，因为饭焦的香、锅巴的脆、饭焦的韧、锅巴的硬，叫人连吃饭也吃得精神不够集中，只想着吃完之后就可再利用那煲里的锅里的焦香一块，加点葱冲点茶甚至上汤，成为另一压轴好戏，盖过了甜品的风头。

也不知是哪位大厨心血来潮，把锅巴升级发展成独立的一道菜，甚至不再是先煮饭才有锅巴，锅巴进入了必须独立制作才能应付顾客的大量需要。菜谱里层出不穷的杂锦锅巴、茄汁虾仁锅巴、素三鲜锅巴等，都是受欢迎的热辣辣香口大菜。

锅巴当然也变小吃。小时候常吃的是蔡澜先生监制的"暴暴饭焦"，如今不知是否已经停产，很是怀念。取而代之的是袋装的由台湾食品商生产的提供给素食者食用的锅巴，以茶汤泡饭的形式用来做简便点心也不俗。只是要留意包装上的赏味期限，毕竟这是烘烤类的即食成品，也很容易变潮或者带一阵油腥味。

人在京都吃过一道由一位京料理教师亲自下厨做的前菜，简易的用麻酱、淡口豉油和豆腐，搅拌出一种调酱与小黄瓜做凉拌。吃罢心血来潮，配上酥脆的几块饭焦，该是又一增值的人间美味。

材料（两人份）

·硬豆腐	一块
·小黄瓜	一条
·麻酱	两匙
·日本淡口酱油	一匙
·原糖／细盐	少许
·即食饭焦或米饼	八块

1	2	3	4
5	6	7	8
9	10		

按部就班

1. 先将小黄瓜洗净去皮。（两分钟）
2. 小黄瓜切成极薄片，放入碟中。（两分钟）
3. 加入少许糖。（三十秒）
4. 再加少许盐，稍腌出水。（半分钟）
5. 豆腐以厨纸包裹，轻按挤出水。（一分钟）
6. 豆腐放搅拌机中。（半分钟）
7. 放进两匙麻酱。（半分钟）
8. 再放一匙淡口酱油，拌打成酱。（半分钟）
9. 以少许原糖提味。（半分钟）
10. 将豆腐麻酱取出备用，小黄瓜挤水后放于饭焦上，淋上豆腐麻酱便成一浓淡相宜的餐前小吃。（三分钟）

冷热小知识

豆腐由豆浆凝固而成，内含丰富蛋白质和油脂，中国豆腐传统上以石膏（硫酸钙）点卤凝结，日本人和中国沿海某些地区就惯用"卤水"，也就是把镁盐和钙盐混合在水中，豆浆冷却至78℃左右就可点卤造豆腐。

原味觉醒

机缘巧合，认识了名字响当当的堪舆大师。

嘻嘻哈哈聊得甚是投契，才知道他的这位那位众位经常见面的相熟朋友，也是我的多年老友，倒是一直都没有机会因此碰头。直至今日偶遇，我想大师一定会有个说法吧，只是对我等不知也不理缘由究竟的家伙，习惯把一切都视作巧合。也许出于职业习惯，也是他的一种慷慨，大师得知今年是属牛的我的本命年，特别指点我今年该多往南洋方向走动，游游水晒晒太阳，高兴高兴，也建议我今年年底尽量避开往北上，趋吉避凶就是此意。

说来凑巧，平日一天到晚流离浪荡飞来飞去的我，倒真是没有这样频繁地往南洋诸国进发。可是今年头几个月，却接二连三地因公因私往新加坡两次、槟城两次、吉隆坡一次、巴厘岛一次，完全地把自己放纵在南洋氛围和味道当中。在所到处的绵延海滩上和深山老林里，如鱼得水如鸟归巢——其实南洋岛国印度尼西亚也正是我的外祖父母的第二故乡，所以这明显地也是一种寻根的感召。那些儿时外祖父母坚持手做的家乡味道，得以在异地的餐桌上再次鲜活重来，叫我一边吃一边悸动不已，就像面前与豆腐拌吃的参巴（Sambal）蘸酱，也是印度尼西亚餐饮上不可缺少的。大师提示南下，原来不只让我晒出一身古铜色的皮肤。

其实除了第二故乡原味的觉醒，所到之处都是人口和建筑密度不高的地方，即使太阳猛气温高，没有城市废气排放没有高楼屏风效应，习习清风徐来叫人十分爽快，也许这更是我等都市人真正需要的生活原味。

情深味重

想不到在马来西亚槟城浮罗山背的一条山村小路旁，看见两个大叔在晒虾膏。

这与我数年前在香港大澳的渔村海岸旁，在那家硕果仅存的虾膏虾酱工场里，看到东主一家胼手胝足的有条不紊的慢工细活，其材料应用其制作步骤认真细致，与槟城这里几乎一样。所以我也大胆肯定，这都是一脉相承的中国南方传统饮食口味。

虾膏就是虾膏，来到南洋就有了另外的叫法，马来人称为 belacan 拉煎，印尼话会叫作 trasi，反正都是用晒干了的小虾捣成膏状，再包装成小砖密封出售，南洋当地日常饮食烹调的，特别是土生华人娘惹菜肴中，少不了以虾膏来提味，有的更用上一种黑色的黏稠状的虾膏酱，制作时加进糖、面粉和水，味道更为浓烈，不是每个人都能接受，但也正正是这独特的来自海洋的强烈滋味，唤醒了云游四海的嘴馋"浪子"如我的家乡的思念眷恋。小小一块虾膏，发挥了微妙而神奇的作用。

材料（两人份）

材料	分量
·豆腐	一块
·香茅	三条
·柠檬叶	一片
·红葱头	五粒
·指天椒	两只
·青柠檬	一个
·虾膏（拉煎）	少许
·橄榄油	两大匙

1	2	3	4
5	6	7	

按部就班

1. 先切取香茅最嫩的茎部，切极碎。（三分钟）
2. 红葱头去衣洗净，切极碎。（三分钟）
3. 指天椒去籽，柠檬叶去叶茎，切极碎。（一分钟）
4. 以少许橄榄油调开捣碎的少许虾膏，拌进所有切碎的材料中。（两分钟）
5. 再以两大匙橄榄油与切碎的材料拌好，可转放搅拌机或以人手以杵棍稍加研磨。（两分钟）
6. 再挤入少许青柠檬汁提味。（半分钟）
7. 将酱汁置于豆腐上，清淡鲜辣一口共尝。（一分钟）

冷热小知识

东南亚食谱中不可或缺的红葱头，味道清香辛辣，属于洋葱家族中的一个变种。其辛辣味来自植物当中的硫化物原始作用，是用来吓走动物，防范取食，可正因此惹来为食人类的垂青。

夏末滋味

香港的夏天好像越来越热，也越来越潮湿。

天文台每天会派出气象学家，微笑着向广大市民把这严肃的科学话题轻描淡写简单化地报道，偶尔也会做出一个无可奈何的表情。而环保团体的朋友就会站出来批评地产商和监管不力的政府机关，唯利是图建造"屏风楼"，把市区原来的通风口以不断升高不断稠密的高层大厦屋宇给挡住。一般市民走在路面，犹如困在笼中的无助的兽，大汗淋漓苦无出路，以致心情烦躁身体欠佳。夏天如是冬天也好不到哪里，付出的代价越见严重惨痛。

所以活在这个所谓先进的都市里，实在无时无刻不有十分不人道的遭遇。能够主动争取发声，对不平不公的事实积极批评抵制，看来是每个公民的社会责任。

单凭几句口号式的呼吁也许不难，但要身体力行地把这些想法结合实际演绎实践出来，就不是一件容易的事。想来想去唯一可以积极参与和控制的，就是关乎个人的饮食内容——因应不同的季节气候而做的调动改变是我们证实自己依然灵活主动地存在的一个方法。传统的节令虽然在当今气候变暖的威胁下，有点反常落差，但如果我们敏感一点，还是可以感觉这微妙的温度湿度的变化——初夏盛夏和夏末，当然不能吃同一种凉拌，生吃蘑菇总像是在吃鲜嫩的鸡肉，加一点柠檬汁和一点青芹菜叶更令这鲜味得到发挥。这个奇怪的联想让我安心地向夏天告别，准备踏入初秋。

台湾蘑菇好

如果我够胆大地喊一声香港好，当然也会认同我的台湾好友们骄傲爽快地大喊台湾好，而上海好北京好深圳好厦门好成都好重庆好也该是由真正热爱当地的朋友由衷地喊出来，由"Hello"的含义喊到"就是好"的愿景。

我的一群可爱的台湾"亲戚"来自一个叫蘑菇的团队，他们一群人敏感地享受着平凡的日常生活，并将这份生活感受转换成设计，几年前开始发行独立刊物《蘑菇手帖》，进而身体力行地设计有信息有态度而且穿着舒适的T恤、工作服，美到舍不得用的笔记本、扎实的袋包……一系列生活产品早已是追随者们拍掌叫绝的好东西。

2006年年底蘑菇在台北中山捷运站公园旁租了一幢高四层的旧房子，开了第一家实体生活空间，在贩售原创设计商品的同时，也举办音乐表演、艺文展览（我们的港产漫画家智海就刚在那里办完一个成功的漫画原作展览），而大家也可以走上店的二楼喝杯咖啡，选购好书好音乐，享受窗外的绿和手工自制的甜点与轻食，更有不定期的好吃厨房料理课程。而团队的设计工作室就在三楼和四楼，一家子热热闹闹融洽的日日是好日——当然为了坚持这个简朴生活信念，能够持续地和大众分享生活触感，团队同人也花尽心思在台湾社会经济不景气的大环境中踏实存活，日日也是磨炼。

快要过去的这个夏天，蘑菇团队的活动主题就是"台湾好"，不嫌知道得有点晚的你大可浏览 www.booday.com 的网页认识一下这群台湾蘑菇，好，就是好！

材料（两人份）

·蘑菇	十颗
·柠檬	半个
·巴马臣乳酪	适量
·芹菜叶	八片
·海盐	适量
·橄榄油	适量

1	2	3	4
5	6	7	

按部就班

1. 先将蘑菇以帚扫走泥土，有需要冲洗的话，要以干布拭去水分。切去蒂部，切薄片备用。（四分钟）
2. 将蘑菇薄片平铺盛碟中，挤进半个柠檬汁。（一分钟）
3. 巴马臣乳酪切片。（一分半钟）
4. 乳酪薄片铺于蘑菇之上。（一分钟）
5. 芹菜叶洗净拭干，撕碎后放在碟中。（两分钟）
6. 将适量橄榄油浇于食材之上。（一分钟）
7. 以少许海盐提味，清爽鲜美，夏日终结之完美句号。（半分钟）

冷热小知识

芹菜有助于降高血压是人所共知的，但芹菜能解酒和消除宿醉原来是从古罗马时代开始的习俗。通宵狂欢后翌日会在脖子上戴着芹菜，这难道也是 Bloody Mary 鸡尾酒要放一根芹菜的缘故？

清香如柚

一年一度中秋佳节，终于赶得及在过节前回到香港家里。但因为数周来一路劳累，未病倒已经是小奇迹。从北到南路经处处城乡食肆都在热热闹闹地推销特式月饼，我只有兴趣看看，倒一点儿也没有胃口要买来尝尝。曾经在西安一家素食的馆子里看到一系列包装得格外素净雅致的素心月饼，但一买就得一整个礼盒装满八个，只能在路上车里充当点心，未到赏月当晚恐怕已经吃光光，还是不买不吃算了。

今年开小差不吃月饼，头顶的月亮还是一样的圆。月饼以外众多应节食物取而代之是更健康清新的选择：当时得令的饱满多汁的柚子！曾几何时，柚子只出现在每年中秋前后，除了大啖果肉，创意十足有如顽童的父亲更会把柚子皮外面刮青雕花，小心切割几瓣掰开柚皮取出果肉后，于柚子内底部正中处挖一凹位牢牢插上蜡烛，到入夜赏月时间，点燃起好一个柚子皮灯笼。

回想起来也该有好几趟亲手成功制作出这些甚有特色的民间玩意儿，但到如今懒起来求个方便，连柚子也在果摊买已经拆好肉的，从黄肉到红肉瓣瓣饱满光亮，入口清香如蜜，柚子皮灯笼也逐渐退到一个回忆的安静角落。

最佳配角

　　有如吃经典美式汉堡包时里面的那一片腌酸青瓜，也像吃日式咖喱饭欢迎任取的与咖喱甜辣口味甚为配合的三年子花荞头。中国从南到北都有食用腌渍的酸菜的习惯，北京老铺六必居的糖蒜，四川的榨菜，广东潮汕地区的贡菜、酸梅和咸酸菜，惠州的梅菜，香港街坊老铺如九龙酱园的酸子姜、豉油仁稔和粒粒雪白饱满登场的酸荞头。

　　制作酸荞头的原料是荞菜的鳞茎部分，切出洗净泥沙和黏液后，沥干水分加盐加压两次，让其产生乳酸发酵，腌约十天左右，然后以清水先后浸泡三小时，除去盐分，沥水后再用醋浸泡两天，更要时常翻拌，沥走醋后放糖拌匀两次，泡浸半月即成——如此繁复工序恐怕已经把你吓跑了。但也正因此才有这样爽脆可口、甜酸得宜的酸荞头。

　　尽管大胆地尝试酸荞头与其他水果、海鲜以至肉类的创意配搭吧，传统食材安守本分，永远是最值得敬重的最佳配角。

材料（两人份）

·鲜带子	十二粒
·柚子肉	六大片
·酸荞头（或糖蒜）	十二粒
·洋芫荽	一小束
·黑胡椒	少许
·海盐	适量
·橄榄油	适量

1	2	3	4
5	6	7	8

按部就班

1. 先将芫荽洗净抹干，摘出叶片。（两分钟）
2. 将酸荞头原颗与芫荽叶同置碗中。（一分钟）
3. 取小块柚子肉挤出汁，与荞头和芫荽叶拌好。（一分钟）
4. 现磨少许黑胡椒于其上。（一分钟）
5. 拌匀备用。（一分钟）
6. 鲜带子抹干水分，以海盐蘸擦两面。（一分钟）
7. 中火烧热油锅转小火将带子两面略煎。（两分钟）
8. 上碟时先把芫荽叶片放好，再放入柚子肉及酸荞头，最后把煎得表面盐粒微焦的带子放上，中秋当令应节凉拌是也。（一分钟）

冷热小知识

用古法手工初榨的橄榄油，颜色金绿，味带辛辣，含有大量抗氧化物，但也因此特别容易受光照破坏。所以必须储藏在黑暗环境中，坊间卖得极昂贵的 Extra Virgin 橄榄油，都以不透明的瓶罐包装。

素口素心

　　老友 S 先生吃素，平日经常要在外吃饭用餐的他大抵也尝尽了当中的乐与苦。坊间叫作素食店的提供的当然是蔬果蛋豆谷物类制品，但往往也用上过多的调味和油分去做其实并不必要的心理上的平衡补足，更不要说那些免不了从俗的素叉烧素烧鹅素鱼素肉素汉堡扒等叫人啼笑皆非的食材和菜式。面对这些素口不素心的行为动作，S 先生也只能一笑置之，幸好他也不是那些绝对严格的全素食者，还吃蛋喝奶，也不介意吃碟边素，更加上有老友如我经常为他着想——

　　每当一大群朋友出外聚餐见面，我这个理所当然负责起挑选餐厅以及点菜的家伙，倒一定先照顾如 S 先生等少数族裔的需要，先为他点好专属的蔬菜呀豆腐呀面饭等菜肴和主食。好些年下来，S 先生饮食上的种种细节也被我留意和掌握得七七八八。如他不喜吃姜，不喜吃酸，怕黏稠的酱汁，怕凉拌沙拉……但他喜爱的众多蔬果之中，就以莲藕名列前茅。

　　莲藕的清、爽、脆、纯、淡，跟 S 先生的生活态度和做人处事方法也十分配合。往往合适季节在点菜时候为他叫一盘清炒藕片，已经叫他高兴不已（当然不太敢以莲藕南乳猪腩肉去诱惑冒犯他）。而心血来潮做的面前的一道蛋白豆腐莲藕夹，也算是道 white on white 的卖相不俗的简便手工菜，该也叫这位在美艺圈子里享负盛名的老友吃得痛快吧。

无毒有藕

如果你有足够的岁数，如果你对中式贺年糖果还有点印象，以下问题你应该有资格回答——究竟你喜欢吃糖莲子糖冬瓜糖柑橘糖椰角还是糖莲藕？

这些基本上以吉利意头先行，食味以至健康诉求其次的贺年糖果，以其砂糖食量之"高"超，足以令大小朋友在整个农历年间都血糖飙升过分活跃，与其原始食材如柑橘、冬瓜、莲子莲藕本来的食用疗效很是矛盾。

翻开食疗经典，《本草纲目》说莲藕能厚肠胃，固精气；《神农本草》说莲藕功能为补血、止血。民间验方中，以绿豆和藕煲做汤水，给患疥疮的小朋友吃了，可清血热。生藕切片让出麻疹的小朋友吃了，亦可解毒清血。夏天中暑而突然呕吐腹泻，需要大量水分进行补充之际，也可以生藕汁作为饮料，受不了冷饮的亦宜温饮。

至于作为甜汤的亦有补血能力的藕粉，当以杭州西湖的出品为最佳。但小心买到其实是用菱粉制成的假藕粉，真正藕粉略带淡红色，加入桂花和糖，冲成稠稠糊状，风味十足。有心熟知各种食材全方位的功能和烹调方法，才算是能吃爱吃懂吃的为食鬼。

材料（两人份）

· 莲藕	两段
· 鸡蛋	两个
· 豆腐	一块
· 盐	适量
· 现磨黑胡椒	适量

1	2	3	4
5	6	7	8
9	10		

按部就班

1. 先将一段莲藕洗净削皮切成薄片，放进盐水中以防变黑。（三分钟）
2. 将另一段莲藕削皮后磨成蓉。（两分钟）
3. 将豆腐切薄片置碗中以筷子拌碎。（两分钟）
4. 将两只鸡蛋敲开，只取蛋白放碗中，与豆腐蓉及莲藕蓉一起拌匀。（一分钟）
5. 现磨少许黑胡椒。（二十秒）
6. 再以细盐调味拌匀。（半分钟）
7. 莲藕片拭水后置碟中，将馅料逐一置于其上。（三分钟）
8. 再以另一块莲藕片盖住呈夹状。（一分钟）
9. 原碟放入盛水预热的蒸锅中蒸熟。（八分钟）
10. 简易手工，意想不到的精致，Enjoy！

冷热小知识

有否留意莲藕一般有多少个孔？一般来说都是七至九个，少于或多于此数都是异数了。莲藕怕铁器，金属刀切后会氧化转黑，以现今流行的瓷刀，取代传统的几近绝迹的竹刀，切藕最好。

家传之宝

既然有那些有学术调查有研究数据支持的全球国家和地区快乐指数，恐怕也很快会出现有根有据的全球嘴馋为食指数。一向什么都敢吃爱吃能吃的我族同胞，面子攸关，怎么也要把这个全球嘴馋为食的冠军宝座争回来。

中国地大物博，能够吃遍自家大江南北而又有总结有心得已经是一件很了不起的事。随着改革开放的这些年来，各一、二、三线城市也逐渐出现了颇有水准的外国菜，有的由外籍名厨打点料理，争取做到原汁原味，有些是由在本地的年轻厨师向老外总厨拜师学艺，能够吸收理解多少表现多少就看各人天分和努力，也有一心进阶者留学国外拿个证书文凭，带回来一身好武功准备大展拳脚的。传统饮食文化在接受外来饮食风尚的冲击影响下，产生的种种改良变化也是一个可堪关注留神的有趣大题目。

当你身边的老友决定毅然放下工作、学业以至男女朋友，决定要远赴法国修一个蓝带厨艺课程，你一边为他鼓掌打气的同时，有没有心动要跟老友一起上路拜师学艺？或者另找一个绝密厨房，花个一年半载练就一身好本领回来舞刀弄叉技惊四座呢？梦想终归是梦想，如果未能远赴法兰西，是否可以就地取材跟家里的爷爷奶奶外公外婆以至父母叔伯姨妈姑姐辈，学好三两招祖传家常便饭拿手秘方呢？无论是外婆红烧肉、老爷子蒸鱼，还是姨妈汤面、妈妈水饺，如果你不动口去问动脑去记动手去学，你就是那个让家传绝技失传的"千古罪人"。所以面前这一道看来简单不过的梅菜菜心蒸豆腐，秘技就在放进很多的姜蓉，把普通的一道菜提升到不同境界。从此你可以骄傲地说，留下的不只是思念，一一都是真材实料。

梅菜不霉

潮流来来去去，庆幸当中有一派走的是歪歪皱皱的路线，穿着的应用的都不必熨得笔直，十分适合我这等到处走动且懒于装扮的家伙。老人家看不惯，会直斥为什么穿得像一箸梅菜，霉霉烂烂是否投资失误？我倒轻松回应这是潮流你不懂，而且我还有足够储备可以把这皱皱的衣物拿去干洗，还得千叮万嘱老板不要把这"梅菜"熨直。

穿得一身皱皱的跟爱吃以梅菜为原料做的菜之间有没有确切关联我真的不知道，但衣料织染洗缝皱得天然跟梅菜由严选爽脆芥菜腌渍风干后日晒又再盐腌糖渍冲晒的过程，强调的都是手工，都是若不小心保留就会失传的民间绝技。

爱吃梅菜、榨菜、大头菜、冲菜、冬菜、酸笋等咸酸菜的朋友，都该懂得分辨用古方炮制的成品跟用现代化工方法速成的产品，味道和质感完全两回事。而趁机多学一个古字叫"菹"，也就是古代王侯宴会席上必备的珍品——咸酸菜。所以无论是清爽的素菜梅菜蒸豆腐还是浓重肥厚的热荤梅菜扣肉，一箸梅菜就是一段历史，而且吃来并不沉重。

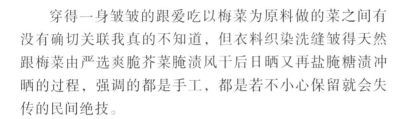

材料（两人份）

·豆腐	两块
·甜梅菜心	两小棵
·嫩菜心	四棵
·姜	一块
·麻油	少许
·糖	适量
·橄榄油	适量

按部就班

1	2	3	4
5	6	7	8
9	10		

1. 先将姜去皮，用姜磨磨成姜蓉。（三分钟）
2. 将姜蓉及姜汁铺放于豆腐表面。（一分钟）
3. 将豆腐放进锅中，隔水蒸熟。（七分钟）
4. 同时以清水洗走甜梅菜心表面黏结的糖分。（两分钟）
5. 梅菜沥干后切得极碎。（三分钟）
6. 嫩菜心洗净沥干，亦切极碎。（两分钟）
7. 以橄榄油起锅把梅菜炒香。（两分钟）
8. 以适量糖调味。（半分钟）
9. 将菜心放进略炒。（两分钟）
10. 将炒好的梅菜心和嫩菜心铺于蒸熟的豆腐表面，洒上少许麻油，标准家常下饭菜，就等你承传发扬。

冷热小知识

腌渍发酵食物是极古老极简便的食品保存法，处理得当更是富含益生菌和维生素的健康食品，只是制作过程中用上大量的盐和糖，食用时应尽量冲洗干净。

好作拌

难得有个星期天早上竟然在家里睡醒过来——对，最近的确有点离谱地一直在外，长途短途旅程一个接一个几乎无间断。这晚下了飞机第二天早晨又要再上机，视H1N1为无物，完全是典型人马／射手座加上属牛本命年的运。说到底也是乐意享受的，边走边做边吃边玩，赚到的不是金钱上的进账，倒是人文视野的开阔、生活空间的扩展和来去自由的满足。

这里来那里去，交上新朋友也是件很快乐的事，一般人都说年纪渐长就越难交上朋友，但对我来说却更能交上一些真正志同道合的朋友，毕竟交友重质不重量。去年年底在台北好友叶怡兰的生活食品杂货小铺里看到很吸引人的几瓶产品，分别是黄金鹅油浸着的香葱酥，原味和葱味的黄金鹅油以及干身的香葱酥，乍看以为是来自法国的产品，因为标贴上全是法文。牌子还叫 Le Pont，在我的早已还给了法文老师、仓底仅存的法文词汇里，知道这是"桥"的意思。

后来经怡兰介绍，这"桥"可是台湾的"桥"，是一家在高雄仁武乡桥边鹅肉店的产品。好奇买来一试，惊为天人！可能是我自小承袭外祖父母的福建南洋口味，对由红葱头洗净切片炸成的酥脆有一种回味再三难以忘怀的情结。这桥边香葱酥一试便知是极品，也就叫我马上决定一定要找机会去认识一下产品背后的制作人。几经转折延期，终于安排约好从香港飞高雄，连旅馆也先不进，从机场就直奔仁武乡仁雄路这家桥边鹅肉店，就是因为直觉有信心交上好朋友，可以尝到与众不同的真滋味——

乐朋 Le Pont

交朋友是一件有趣和奇怪的事，主动不一定成功，被动却常有惊喜。有些朋友只愿意跟年长的朋友来往，因为有被关爱被照顾的需要。有些朋友却只跟比他或她年轻的朋友来往，一方面享受作为前辈的感觉，一方面又让自己觉得年轻一点。于我倒是没有年纪差异上的挑剔，顺其自然让事情发生——但往往也是因为性急，倒是习惯主动一点先行一步。可能是潜意识里相信，一切美好都得努力争取回来。

从来到台湾都直飞台北，这回直飞高雄就是为了要认识这位主理自家鹅肉店的热卖产品"黄金鹅油香葱"的小朋友。这个小朋友取了一个法文名字叫 Luc，其实年纪也不小了，三十五岁大男生，而且刚成第一任爸爸，Luc 以前在台湾念的是旅游专业，到法国四年再念的是城市规划，但由于家里一直都从事餐饮业，有一家经营了十年的传统台式鹅肉店，所以 Luc 人在法国的时候就经常想，怎样才可以把家里的生意加上新元素推进一步？

Luc 自幼嘴馋挑剔，在美食大国生活的这几年更是见多识广，而法国人对鹅对鸭的油、肝、肉的处理，叫 Luc 灵机一动，可以把本来在店里厨房自用的鹅油、油葱酥结合包装入罐处理，打造可以在市面流通的品牌。回台湾后筹备了不久，就在一家人特别是妈妈的支持鼓励下把几种产品推出，品牌的法文名字叫 Le Pont，中文就取了音意俱佳的乐朋，果然一鸣惊人口碑甚佳。乐观好动的他更是脑袋转呀转地停不了，每天都有新鲜有趣的点子和合作伙伴碰击——交上这样一个对食物有热情有创意的朋友，可不只是有口福做个拌面这么简单，从他身上确实也学到很多——

材料（两人份）

·青葱	一束
·大葱	两条
·红洋葱	一个
· Le Pont 牌鹅油香葱头	三大匙
（如无现成，可自家切细红葱头用油炸香）	
·海盐	适量
·面条	一束
（福建面线或日式稻庭面皆可）	

按部就班

1. 青葱洗净，取最幼嫩葱白较多部分，切极碎，备用。（一分钟）
2. 大葱洗净，剥走两层外皮，取最鲜嫩葱白处，切极碎，备用。（三分钟）
3. 红洋葱去外皮，切极细丝，备用。（两分钟）
4. 烧开水，把面条放进。（三分钟）
5. 面条煮好，夹起放大碗中，准备捞拌。（半分钟）
6. 放进现成炸好的鹅油香葱酥。（半分钟）
7. 加适量海盐调味。（半分钟）
8. 把香葱酥、海盐与面条拌好后转盛碟中。（两分钟）
9. 撒上红洋葱丝、大葱白及青葱，将碗中余下的炸香葱酥再放其上，酥香辛鲜的一道拌面，轻松上场。（两分钟）

冷热小知识

登录 www.ciaobien.com，一睹"Le Pont"黄金鹅油香葱和相关产品的制作方法。

温暖人心

人在京都，从早到晚进进出出的除了那些佛法庄严的雄伟寺庙，那些长满青苔、修饰以枯山水的充满禅意的庭园，还有那些动辄上百年历史的制作和贩售各种日常生活用品的老铺，屋的建筑形态刻意保留，店堂的陈设百年如一日，优雅细致。在古都旧街中走着走着，仿佛走进那深邃的传统京都历史长巷当中，在那原地早已灰飞烟灭却在此间尽力保存的唐宋元明氛围意境中，企图想象感受一下当年的人情事物。

于我这些嘴馋为食的家伙，在京都当然从早到晚地吃，因为我深信只靠眼睛看是绝对不够的，必须端来好好一闻然后狠狠一口，无论是那用红豆泥裹住或者撒满黄豆粉的栗饼，那些蘸满味噌酱烤得充满炭火香味的麻糬，那些用红豆泥做馅但竟然混入了山椒粉，一咬开那柔顺而有咬劲的外皮，马上感受到红豆的甜润温醇和山椒的清爽麻辣的山椒饼，还有那用浸泡过的樱花叶包裹着糯米粉做成的岚山樱花饼，用砂糖熬煮各种豆类做成的松软甜美的甘纳豆，那些用竹皮包装的羊羹甜糕……至于那无论什么季节也会闯进去吃个痛快的位于祇园的键善良房的葛粉条，就是用上严格挑选的吉野葛粉，做成面条状置于放满冰块的高身漆盒里，吃时蘸上那用冲绳岛波照间岛产黑糖做成的黑糖蜜，口感滑顺，冰凉入心，分明就是夏日消暑佳品——在这隆冬季节，一边吃着葛粉一边想起的竟是自家手做的桂圆杏仁奶露，还要打一只鸡蛋进去，好温暖好滋润好贴心——

桂圆良品

不知道为什么从小总觉得荔枝和龙眼有亲戚关系，其实是不同科不同属的两种植物完全没有关系，只是从前还勉强有季节之分，吃罢荔枝余兴未尽龙眼才登场，而且家里老人家坚信一颗荔枝三把火，所以每次吃荔枝是有配给的，倒是吃龙眼就百无禁忌随便吃，所以印象中一个是娇生惯养的表哥一个是天生天养的表弟，荔枝甜得浓腻龙眼甜得清爽。

两种水果新鲜现吃当然最好，但晒干了的荔枝干当口果，晒干的龙眼干做糖水，也是绝妙。尤其是龙眼干换上一个名字叫桂圆（也有地方把龙眼直接称作桂圆的），熬煮后散发清香，口感爽脆有嚼劲，喝下去温醇可口，不用中医细说详解也直觉益心脾、补气血，有良好的滋养补益作用，对于我等自认劳心伤神（不是伤心人！）的家伙，最有食疗之效。

翻查资料当然也跑出一个颇为牵强的民间故事，相传福建一带有条恶龙每逢八月潮涨就兴风作浪贻害人畜庄稼，有一武艺高强的少年名叫桂圆，以酒泡过的猪和羊引恶龙吃醉，然后刺向龙眼，几经搏斗恶龙死了桂圆也死了，此地后来长出一种果品，既叫龙眼，又称桂圆——再看下去亦有李时珍在《本草纲目》中对桂圆倍加推崇："食品以荔枝为贵，而资益则龙眼为良。"而龙眼倒真的有一个别名就叫"益智"！

材料（两人份）

·牛奶	两杯
·鸡蛋	两个
·无糖有机杏仁粉	两大匙
·桂圆	十五粒

按部就班

1. 先将桂圆用水稍稍冲洗净。（一分钟）
2. 将半杯水煮沸，把桂圆放进去煮软。（三分钟）
3. 转中火把牛奶放入锅中。（半分钟）
4. 将杏仁粉放入，并搅至溶开。（两分钟）
5. 将鸡蛋徐徐放进。（一分钟）
6. 趁鸡蛋还是溏心时轻轻盛入碗中，与桂圆、杏仁粉、牛奶的搭配简直是无比温暖的天作之合。（一分钟）

冷热小知识

有说煮牛奶时不宜加糖，因为糖一加热会水解成果糖和葡萄糖，这些糖在高温下会与牛奶蛋白质发生化学反应，不易被人体吸收。如果要喝甜牛奶，得在牛奶煮好关火后再加糖。

后记

80前后

茶余饭后与大小助手闲话家常，不知怎的谈到他们的下一代。

套用当下最潮的用语，如果大陈一如计划般在三年后有小孩，小孩该是 10 后，小陈也打算在两年内结婚，但暂时还未倾向有小孩，如果拖拖拉拉往后延，届时出来的说不定会是 20 后。

说到养育自己的小朋友，我这个 60 后前辈就完全没有话语权了。连养宠物如鸡鸭如猫狗都没有成功经验，注定是无法成为合格家长的。唯一可以做的，就是充当坏叔叔，暗地里鼓励小朋友打包家里所有食物离家出走勇闯新天地。如果路上盘缠不够或者找不到有瓦遮头的地方，我这位叔叔承诺替大家想想办法。

大陈说昨晚为了生儿育女大计这一回事苦思冥想几乎失眠。我忽然惊觉面前这位被我一直视作小朋友的终于长大了，而且打算去碰这个我一直逃避的问题。清楚记得我有一次和身边伴在荷兰一个火车站看到一对绝配的年轻父母，左手拖一个帅极男孩，右手抱一个可爱至极女孩，还有背包呀行李箱在身边，一下子打破了我们因为准备"一生漂泊"而不要生小孩的设想。又有一次在一个漫画班里看到一位七八岁的俊美小男生，眼睛清澄透彻像看通过去现在未来，我又因此动摇了好几天，幸好最后还是维持原判继续两口子游离浪荡——把助手把学生把 80 后、90 后都当作自己的下一代，我身边两个得意助手，一个是 1979 年生的落选80后，一个是1982年生的正宗80后，各自都走过了一段跌跌撞撞的日子，终于有缘在同一小单位下，和我及身边伴四人胼手胝足合力拼贴着我们的共同梦想。大家本着凡事都得有责任、有分担、有分享的做人处事原则，我实在感激他俩一直以来的不嫌弃。我们都在香港长大，都是80前后，都爱吃干炒牛河，都有火气，在这混乱时势当中相信要落手落脚才能改变现实，坚持争取公平公义，站在弱势的"鸡蛋"这一方。

应霁
二〇一〇年二月

Home is where the heart is.

01　设计私生活
定价：49.00 元

上天下地万国博览，人时地物花花世界，
书写与设计师及其设计的惊喜邂逅和轰烈爱恨。

02　回家真好
定价：49.00 元

登堂入室走访海峡两岸暨香港的一流创作人，
披露家居旖旎风光，畅谈各自心路历程。

03　两个人住
　　　一切从家徒四壁开始
定价：64.00 元

解读家居物质元素的精神内涵，
崇尚杰出设计大师的简约风格。

04　半饱
　　　生活高潮之所在
定价：59.00 元

四海浪游回归厨房，色相诱人美味 DIY，
节欲因为贪心，半饱又何尝不是一种人生态度？

05　放大意大利
　　　设计私生活之二
定价：59.00 元

意大利的声色光影与形体味道，
一切从意大利开始，一切到意大利结束。

06　寻常放荡
　　　我的回忆在旅行
定价：49.00 元

独特的旅行发现与另类的影像记忆，
旅行原是一种回忆，或者回忆正在旅行。

Home 系列（修订版）1-12 ◉ 欧阳应霁 著

生活·讀書·新知 三联书店刊行

07　梦·想家
回家真好之二
定价：49.00 元
采录海峡两岸暨香港十八位创作人的家居风景，
展示华人的精彩生活与艺术世界。

10　香港味道 2
街头巷尾民间滋味
定价：64.00 元
升斗小民的日常滋味与历史积淀，
香港美食攻略地图。

08　天生是饭人
定价：64.00 元
在自己家里烧菜，到或远或近不同朋友家做饭，
甚至找片郊野找个公园席地野餐，
都是自然不过的乐事。

11　快煮慢食
十八分钟味觉小宇宙
定价：49.00 元
开心入厨攻略，七色八彩无国界放肆料理，
十八分钟味觉通识小宇宙，好滋味说明一切。

09　香港味道 1
酒楼茶室精华极品
定价：64.00 元
饮食人生的声色繁华与文化记忆，
香港美食攻略地图。

12　天真本色
十八分钟人厨通识实践
定价：49.00 元
十八分钟就搞定的菜，以色以香以味诱人，
吸引大家走进厨房，发挥你我本就潜在的天真本色。